AI筑梦系列

Kimi
实战精粹

王锋　李琳　编著

人民邮电出版社

北京

图书在版编目（CIP）数据

Kimi 实战精粹 / 王锋，李琳编著. -- 北京：人民
邮电出版社，2025. -- （AI 筑梦系列）. -- ISBN 978-7
-115-66995-7

Ⅰ．TP18

中国国家版本馆 CIP 数据核字第 2025U0A369 号

内 容 提 要

本书采用实战教学的方式，系统介绍 Kimi 的相关知识和高效应用技巧。

本书共 7 章，第 1 章为快速入门，引导读者掌握 Kimi 的基础功能与操作方法；第 2 章为写作助手，介绍 Kimi 在文字创作领域的实际应用；第 3 章聚焦于职场提效，介绍 Kimi 在职场中的多样化应用；第 4 章着重于学习跃升，介绍如何利用 Kimi 助力知识获取与互动式学习等；第 5 章综合生活中的大小事宜，介绍 Kimi 在旅行规划、美食探索等方面的便捷应用；第 6 章讲述 Kimi+ 的核心功能，介绍不同的专业分身的应用技巧；第 7 章则专门介绍 Kimi 多端版本的应用，包括 Kimi 插件、Kimi 桌面版及 Kimi 智能助手的安装与应用等内容。

本书适合学生、职场人士及对人工智能（Artificial Intelligence，AI）技术感兴趣的读者阅读，既可作为个人提升效率与技能的学习资料，也可作为相关培训课程的参考教材。

◆ 编　著　王　锋　李　琳
　　责任编辑　李永涛
　　责任印制　王　郁　胡　南

◆ 人民邮电出版社出版发行　　北京市丰台区成寿寺路 11 号
　　邮编　100164　　电子邮件　315@ptpress.com.cn
　　网址　https://www.ptpress.com.cn
　　北京天宇星印刷厂印刷

◆ 开本：700×1000　1/16
　　印张：12.75　　　　　　　　　　　2025 年 8 月第 1 版
　　字数：223 千字　　　　　　　　　2025 年 8 月北京第 1 次印刷

定价：69.90 元

读者服务热线：（010）81055410　印装质量热线：（010）81055316
反盗版热线：（010）81055315

前言

在数字时代，AI技术正以前所未有的速度改变着我们的工作模式和生活方式。从日常琐事到重要决策，AI技术的应用无处不在，极大地提高了人们的工作效率和生活质量。Kimi作为北京月之暗面科技有限公司（Moonshot AI，下文简称月之暗面）研发的知识增强大语言模型，凭借其强大的自然语言处理能力和深厚的深度学习技术底蕴，正逐步成为广大用户不可或缺的创意伙伴与提效工具。本书旨在引导读者充分利用Kimi的强大功能，为自己的成长和发展助力，开启筑梦之旅。

本书特色

● 案例丰富，内容全面

本书不仅介绍Kimi的基本操作方法，还提供大量的实战案例。从写作助手到职场提效，从学习跃升到生活助手，针对每一个应用场景进行详细的案例分析，同时讲解提示词。通过这些实战案例，读者可以更好地理解和掌握Kimi的功能，提高自己的实际应用能力。

● 提示词进阶，技巧实用

本书不仅涵盖Kimi的基本操作，还提供丰富的提示词进阶技巧。无论是简单的文本创作，还是复杂的工作任务，本书都提供对应、详细的提示词示例和操作指南。这些技巧不仅实用，还能帮助读者在使用Kimi的过程中不断提升效率和效果。

● 场景引入，应用广泛

本书通过引入具体的应用场景，使读者能够在生活和工作中更好地应用Kimi解决实际问题。无论是教师的教学设计与总结，还是营销人员的营销文案创作，或是家长的育儿助手，本书都提供相应的操作指南，帮助读者在不同领域高效应用Kimi。

● 全彩印刷，图文并茂

本书采用全彩印刷，图文并茂，使内容更加生动直观。通过丰富的图表和示例，读者可以更轻松地理解和掌握Kimi的各项功能。同时，全彩印刷也能提升阅读体验，使学习过程更加轻松。

读者对象

本书适合以下读者对象。

• 学生。无论是大学生还是研究生，都可以通过本书学习如何利用Kimi进行知识获取、学术论文撰写和个人成长规划，提高学习效率和学术水平。

• 职场人士。本书提供丰富的职场应用案例，可以帮助职场人士在文案创作、数据分析、会议组织和客户沟通中高效利用Kimi，提升工作效率和职业竞争力。

• 对AI技术感兴趣的读者。本书不仅适合学生和职场人士，也适合对AI技术感兴趣的广大读者，可以帮助他们了解和掌握Kimi的基本操作和高级应用。

注意

在使用Kimi的过程中，有一些注意事项需要读者了解。

• 本书提供的提示词在实际应用时，生成的内容可能会有所不同。这是因为Kimi会根据用户的使用习惯和上下文环境，生成最符合当前需求的内容。这种差异属于正常现象，不会影响读者的学习和使用。

• Kimi是一个不断升级和优化的AI模型，部分功能可能会随着版本的更新而有所变动。尽管如此，本书提供的思路和方法仍然具有广泛的实用性和极大的参考价值，能够帮助读者学习和使用Kimi。同时，建议读者在使用过程中保持灵活性，根据实际情况进行调整。

• 在使用Kimi的过程中，版权和隐私问题是不可忽视的。用户在输入内容时，应确保不侵犯他人的版权，避免使用受版权保护的文本、图片和视频。同时，用户应注意保护个人隐私，避免在与Kimi的交互中泄露敏感信息。

创作团队

本书由王锋、李琳编著。在本书的编写过程中，编者已竭尽所能地将更好的内容呈现给读者，但书中难免有疏漏之处，敬请广大读者批评指正。读者在学习过程中有任何疑问或建议，可发送电子邮件至liyongtao@ptpress.com.cn。

编者

2025年1月

资源与支持

资源获取

本书提供如下资源。

- 本书思维导图。
- 异步社区 7 天 VIP 会员。
- 视频教学文件。

要获得以上资源，您可以扫描下方二维码，根据指引领取。

提交勘误

作者和编辑尽最大努力来确保书中内容的准确性，但难免会存在疏漏。欢迎您将发现的问题反馈给我们，帮助我们提升图书的质量。

当您发现错误时，请登录异步社区（https://www.epubit.com），按书名搜索，进入本书页面，单击"发表勘误"，输入勘误信息，单击"提交勘误"按钮即可（见下图）。本书的作者和编辑会对您提交的勘误进行审核，确认并接受后，您将获赠异步社区的 100 积分。积分可用于在异步社区兑换优惠券、样书或奖品。

与我们联系

我们的联系邮箱是 liyongtao@ptpress.com.cn。

如果您对本书有任何疑问或建议，请您发邮件给我们，并请在邮件标题中注明本书书名，以便我们更高效地做出反馈。

如果您有兴趣出版图书、录制教学视频，或者参与图书翻译、技术审校等工作，可以发邮件给我们。

如果您所在的学校、培训机构或企业想批量购买本书或异步社区出版的其他图书，也可以发邮件给我们。

如果您在网上发现有针对异步社区出品图书的各种形式的盗版行为，包括对图书全部或部分内容的非授权传播，请您将怀疑有侵权行为的链接发邮件给我们。您的这一举动是对作者权益的保护，也是我们持续为您提供有价值的内容的动力之源。

关于异步社区和异步图书

"异步社区"（www.epubit.com）是由人民邮电出版社创办的IT专业图书社区，于2015年8月上线运营，致力于优质内容的出版和分享，为读者提供高品质的学习内容，为作译者提供专业的出版服务，实现作译者与读者在线交流互动，以及传统出版与数字出版的融合发展。

"异步图书"是异步社区策划出版的精品IT图书的品牌，依托于人民邮电出版社在计算机图书领域40多年的发展与积淀。异步图书面向IT行业以及各行业使用IT的用户。

目录

1 第1章
快速入门：解锁Kimi的无限可能

1.1 初识Kimi 2
  1.1.1 了解Kimi 2
  1.1.2 AI的隐私与版权 3
1.2 注册、登录与操作界面 3
  1.2.1 完成注册、登录 3
  1.2.2 熟悉操作界面 4
  1.2.3 设置界面主题 6
1.3 基本会话操作 7
  1.3.1 开始第一次会话 7
  1.3.2 开启新会话 9
  1.3.3 展开多轮会话 10

  1.3.4 使用Kimi探索版进行会话 11
  1.3.5 添加和调用常用语 13
  1.3.6 上传文件进行会话 17
  1.3.7 查看和编辑历史会话 18
1.4 提示词的运用 21
  1.4.1 什么是提示词 21
  1.4.2 如何构建优秀的提示词 21
  1.4.3 7个构建提示词的技巧 23
  1.4.4 提示词中常用的特殊符号 25
  1.4.5 复杂任务的提示词构建 26

2 第2章
写作助手：Kimi赋能文字创作

2.1 文本润色、调整与优化 29
  2.1.1 实战：润色文本 29
  2.1.2 实战：调整语气 30
  2.1.3 实战：扩写和缩写文本 30
  2.1.4 实战：续写文本 32
  2.1.5 实战：校对文本 32
2.2 文学内容创作 33
  2.2.1 实战：诗歌创作 34
  2.2.2 实战：小说撰写 35
  2.2.3 实战：日记记录 36
  2.2.4 实战：故事创作 37
  2.2.5 实战：新闻稿生成 38
  2.2.6 实战：文章标题生成 39

2.3 公文写作 40
  2.3.1 实战：请假条撰写 40
  2.3.2 实战：年度工作总结报告撰写 41
  2.3.3 实战：项目立项报告撰写 42
  2.3.4 实战：内部培训计划书撰写 44
  2.3.5 实战：员工培训通知撰写 45
  2.3.6 实战：工作交接文档撰写 46
  2.3.7 实战：商务邀请函撰写 47
2.4 教学设计与总结 49
  2.4.1 实战：制定教学目标与大纲 49
  2.4.2 实战：制作教学PPT课件大纲 ...50
  2.4.3 实战：设计互动式教学活动 51
  2.4.4 实战：撰写教学工作总结 52

3 第3章
职场提效：Kimi助力工作效率翻倍

3.1 文本处理与提取..........**55**
3.1.1 实战：一键转换文本格式..........55
3.1.2 实战：文本转换为表格..........56
3.1.3 实战：图片中文字的提取..........57
3.1.4 实战：快速提取文本关键词..........58
3.1.5 实战：分析文本的情感色彩..........59

3.2 回复与互动管理..........**60**
3.2.1 实战：回复邮件..........61
3.2.2 实战：回复消息..........62
3.2.3 实战：回复评论..........63

3.3 沟通协作优化..........**64**
3.3.1 实战：高效回复领导的消息..........64
3.3.2 实战：在客户投诉时保持专业
　　　和同理心..........65
3.3.3 实战：制定谈判沟通策略..........67
3.3.4 实战：应对沟通中负面反馈的
　　　策略..........68

3.4 营销文案创作..........**69**
3.4.1 实战：社交媒体广告文案..........69
3.4.2 实战：新产品上市推广计划..........70
3.4.3 实战：品牌故事..........71
3.4.4 实战：线上线下联动活动方案..........73

3.5 商业分析..........**74**
3.5.1 实战：SWOT分析..........74
3.5.2 实战：企业竞争力分析..........75

3.5.3 实战：产品市场定位分析..........76
3.5.4 实战：供应链效率优化分析..........78
3.5.5 实战：市场容量与增长潜力
　　　预测..........79

3.6 社交媒体运营..........**81**
3.6.1 实战：微博话题互动策略制定..........81
3.6.2 实战：小红书探店笔记策划
　　　方案..........82
3.6.3 实战：今日头条爆款文章策划..........83
3.6.4 实战：喜马拉雅音频内容策划
　　　方案..........84
3.6.5 实战：直播带货脚本编写..........85
3.6.6 实战：抖音短视频分镜头脚本
　　　创作..........87

3.7 求职与招聘文案..........**88**
3.7.1 实战：个人简历的制作..........88
3.7.2 实战：简历投递话术..........90
3.7.3 实战：HR面试模拟..........91
3.7.4 实战：职位信息描述..........92
3.7.5 实战：新员工入职指导手册..........93

3.8 AI编程支持..........**94**
3.8.1 实战：准确解释代码..........94
3.8.2 实战：通过注释生成代码片段..........95
3.8.3 实战：代码的错误修复..........96

4 第4章
学习跃升：Kimi知识赋能站

4.1 知识获取..........**100**
4.1.1 实战：解读复杂的词汇或概念..........100

4.1.2 实战：梳理历史文化知识脉络..........101
4.1.3 实战：整理学习笔记和总结..........102

4.2 互动式学习 **103**

4.2.1 实战：模拟专家解答学习难题...103

4.2.2 实战：辅助文言文的翻译........104

4.2.3 实战：生成个性化练习题及

解析 105

4.3 数学公式 **106**

4.3.1 实战：将公式转换为LaTeX

格式 106

4.3.2 实战：解读复杂的数学公式 108

4.4 学术论文 **109**

4.4.1 实战：协助确定科研选题........109

4.4.2 实战：优化论文逻辑结构........110

4.4.3 实战：管理引用与参考文献 111

4.4.4 实战：论文质量检查与润色 112

4.5 成长规划 **113**

4.5.1 实战：精准定位成长目标........114

4.5.2 实战：规划个性化学习路径 115

4.5.3 实战：明确职业发展规划........116

4.6 育儿助手 **117**

4.6.1 实战：提供全方位育儿指导 117

4.6.2 实战：创作专属儿童故事........118

4.6.3 实战：辅助家庭作业批改与

讲解 119

4.7 心理健康 **120**

4.7.1 实战：处理工作中的人际关系

困扰 120

4.7.2 实战：寻求压力缓解的有效

建议 121

5 第5章
生活助手：Kimi日常小秘书

5.1 旅行规划 **124**

5.1.1 实战：生成短途旅行计划........124

5.1.2 实战：生成深入了解当地

文化的旅行计划 125

5.1.3 实战：生成旅行文案 126

5.2 美食探索 **127**

5.2.1 实战：推荐低脂低卡食谱........127

5.2.2 实战：推荐简单的健康午餐

食谱 128

5.2.3 实战：根据健康需求推荐

食谱 129

5.3 运动健康 **130**

5.3.1 实战：制定颈椎腰椎舒缓

运动方案 130

5.3.2 实战：制定全身减脂减重

运动计划 131

5.3.3 实战：普及疾病预防与

健康知识 133

5.3.4 实战：解读医院检验单 133

5.4 购物时尚 **134**

5.4.1 实战：推荐适合职场的时尚

搭配 135

5.4.2 实战：根据个人肤质提供护肤

方案 136

5.4.3 实战：商品的推荐与比较 136

5.4.4 实战：快速生成购物评价........138

5.5 财务管理 **138**

5.5.1 实战：根据消费记录分析个人

消费习惯 139

5.5.2 实战：制定工资分配方案 140

5.5.3 实战：个性化保险规划与推荐...141

6 第6章
私人助理：智能全面顾问 Kimi+

6.1 认识Kimi+ **144**
　6.1.1 什么是Kimi+ 144
　6.1.2 如何快速召唤Kimi+ 145
　6.1.3 置顶和分享Kimi+ 145
6.2 官方推荐 **147**
　6.2.1 实战：合同审查 147
　6.2.2 实战：PPT助手 149
6.3 办公提效 **153**
　6.3.1 实战：学术搜索 153
　6.3.2 实战：提示词专家 154
　6.3.3 实战：翻译通 156
　6.3.4 实战：IT百事通 157

6.4 辅助写作 **158**
　6.4.1 实战：长文生成器 158
　6.4.2 实战：小红书爆款生成器 159
　6.4.3 实战：办公室笔杆子 160
　6.4.4 实战：论文改写 161
　6.4.5 实战：论文写作助手 162
　6.4.6 实战：爆款网文生成器 163
6.5 生活应用 **165**
　6.5.1 实战：Kimi 001 号小客服 165
　6.5.2 实战：什么值得买 166
　6.5.3 实战：费曼学习法 167

7 第7章
智能利器：Kimi多端版本的应用

7.1 下载和安装 **170**
　7.1.1 下载并安装Kimi插件 170
　7.1.2 下载并安装Kimi桌面版 175
　7.1.3 下载并安装手机版Kimi智能
　　　　助手 178
7.2 Kimi插件的应用 **178**
　7.2.1 实战：选取有疑问的文字获得
　　　　解释 179
　7.2.2 实战：快速从整个网页中提炼重点
　　　　内容 180

　7.2.3 实战：一键解释当前屏幕内容 ... 181
7.3 Kimi 桌面版的应用 **182**
7.4 Kimi智能助手的应用 **184**
　7.4.1 Kimi智能助手的个性化设置 184
　7.4.2 实战：克隆自己的声音 185
　7.4.3 实战：语音输入 186
　7.4.4 实战：实时语音通话 187
　7.4.5 实战：拍题答疑 189
　7.4.6 实战：辅助解读微信文件内容 ... 190

第 1 章

快速入门：解锁 Kimi 的无限可能

在数字时代，AI 技术正以前所未有的速度改变着我们的工作模式和生活方式。本章旨在为你全面揭开 Kimi 这一智能助手的神秘面纱，引领你深入探索其强大的功能与潜力。通过对本章的学习，你将能够熟练掌握 Kimi 的基本操作，理解其背后的智能机制，进而在工作和生活中游刃有余地运用这一智能助手，开启高效、快捷的智能新篇章。

1.1 初识Kimi

作为智能会话领域的佼佼者，Kimi以能够处理长文本而备受关注，正逐步成为广大用户不可或缺的创意伙伴与提效工具。

1.1.1 了解Kimi

Kimi是由月之暗面开发的智能助手，旨在助力用户的工作和学习。它通过自然语言处理技术，以会话的形式帮助用户快速获取信息和解决问题。

2024年10月，月之暗面推出了Kimi探索版，其具备AI自主搜索能力，搜索量是普通版的10倍，一次搜索即可精读500个页面。Kimi探索版通过自主策略规划、自动化大规模信息检索以及对搜索结果的反思补充，为用户提供更准确和全面的答案。

Kimi支持多端版本，包括网页版、插件、桌面版、小程序和App（Kimi智能助手），它能够灵活地融入用户的数字化生活中，随时随地为其提供帮助。

Kimi不仅具备提供基础的会话服务的能力，还具备强大的长文本处理能力，支持输入内容多达200万个汉字的长文本，能够进行长文本总结和生成。这一能力使它在学术论文翻译和理解、法律问题分析、API（Application Program Interface，应用程序接口）开发文档快速理解等场景中表现出色。此外，Kimi具备多模态融合能力，将文本、语音、图像等多种模态的数据融合进大模型中，实现了跨模态理解和生成能力的提升。这些能力极大地提高了Kimi阅读和信息处理的效率。

在写作方面，Kimi能够为用户提供写作灵感，支持用户选取各类体裁和风格，成为用户写作过程中的得力助手。

另外，Kimi还是一个综合性的AI智能体平台，可以通过Kimi+提供的智能体（如长文生成器、提示词专家、小红书爆款生成器等）来满足用户在不同场景下的需求。

总的来说，Kimi作为一款智能助手产品，凭借其强大的长文本处理能力、技术创新以及广泛的应用场景，在AI领域展现出了独特的优势和潜力。无论是在学术研究、法律咨询、软件开发还是创意写作等领域，Kimi都能为用户提供实质性的帮助和支持。

接下来，本书各章将详细介绍Kimi的实战应用及技巧，帮助读者更好地理解和利用这一强大的工具。

1.1.2　AI的隐私与版权

在数字时代，AI技术的快速发展为内容创作带来了前所未有的便利。无论是文字、图片还是视频，AI都能够以惊人的速度高质量生成，但随之而来的隐私与版权问题也不容忽视。

在隐私方面，当使用AI生成内容时，我们要警惕数据来源是否涉及他人隐私信息。很多AI模型是通过大量数据训练而成的，若这些数据中包含个人隐私信息，在使用AI生成内容的过程中就可能存在隐私泄露的风险。因此，在向AI提供个人信息以获取定制化内容时，我们也要谨慎考虑信息的敏感性和潜在的泄露风险，注意保护个人隐私信息（如身份号码、银行账户信息等）。

在版权方面，AI在生成内容时，可能会借鉴或模仿已有的作品。如果生成的内容与已有的作品相似度较高，就可能引发侵权争议。作为用户，我们在利用AI生成的内容时，必须明确作品的版权归属，确保不侵犯他人的著作权。我们不能随意将AI生成的内容用于商业用途而不考虑版权问题，应在使用前进行充分的调查和确认。

因此，虽然AI提供了强大的内容生成能力，但用户必须谨慎对待隐私和版权问题，合法、合理地使用AI。

1.2　注册、登录与操作界面

在介绍了Kimi之后，本节将介绍注册、登录与操作界面，助你快速上手Kimi。

1.2.1　完成注册、登录

在使用Kimi之前，完成注册、登录是不可或缺的一步。本节将详细介绍注册与登录的具体步骤，让你轻松开启智能会话的旅程。

步骤 01 进入Kimi官方网站，单击导航栏中的【登录】按钮，如下页图所示。

步骤02 弹出登录对话框，在其中输入手机号，勾选【扫码默认已阅读同意《用户协议》和《隐私协议》】复选框，单击【发送验证码】按钮，获取短信验证码，然后在对话框中输入验证码，单击【登录】按钮，如下图所示。

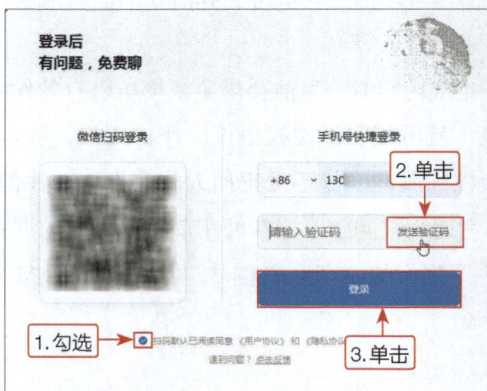

提示： 用户也可以使用微信扫描二维码，授权微信登录Kimi。

1.2.2 熟悉操作界面

Kimi网页版的操作界面设计简洁明了，功能布局一目了然，主要分为导航栏和会话区（主要包括推荐信息区域和输入框），如下页图所示。

一、导航栏

导航栏中包含6个功能或按钮，依次为回到首页、新建会话、Kimi+、Kimi探索版、历史会话及个人中心，其中个人中心为账户头像，单击该头像，在弹出的菜单中可以进行【设置】、【下载电脑版】、【下载手机应用】、【用户反馈】等操作。

二、会话区

在Kimi的首页，会话区主要由推荐信息区域和输入框组成。

（1）推荐信息区域。

推荐信息区域会展示Kimi根据当前热点、用户喜好等推送的信息，用户单击信息后会自动进入会话页面。

（2）输入框。

输入框是用户与Kimi进行交互的区域，用户不仅可以在其中输入提示词，还可以拖曳和粘贴链接、图片、文件等内容，以获取更丰富的信息或让Kimi执行更复杂的任务。当用户与Kimi进行互动时，会从Kimi首页进入会话页面，如下图所示。

- 会话名称栏。

会话名称栏用于显示当前会话的名称，用户可单击该名称进行修改。

- 会话框。

如果用户正在与Kimi进行互动，会话框将显示用户的输入内容、Kimi的回复以及上下文会话记录。

1.2.3 设置界面主题

用户可以根据需求设置Kimi的界面主题。

在Kimi网页版的操作界面中，将鼠标指针移至账户头像上单击，会显示操作菜单，单击【设置】选项，如下图所示。

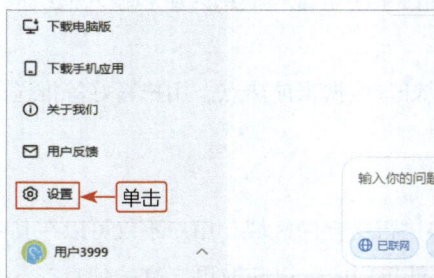

打开【设置】界面，在【通用】区域下，单击【界面主题】右侧的 ⌄ 按钮，可以看到【跟随系统】、【月之亮面】和【月之暗面】3种主题，默认为【跟随系统】主题，如下图所示，用户可以根据需求进行选择。

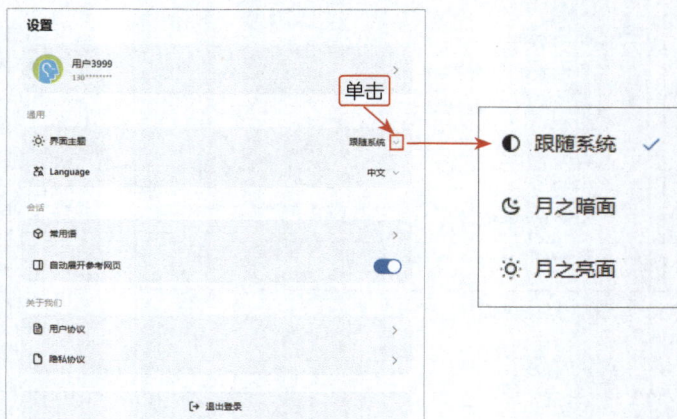

1.3 基本会话操作

掌握基本会话操作，是高效利用Kimi的关键。从发送提示词到接收回复，Kimi的每个操作都简单、易懂。

1.3.1 开始第一次会话

与Kimi的交流像聊天一样，用户只需输入提示词，发送给它，即可开启会话之旅。

步骤 01 在Kimi网页版的输入框中输入提示词，如下图所示。

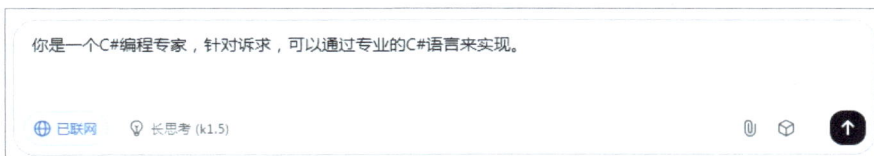

> **提示：** 用户可以根据需求，选择是否开启联网功能，【已联网】表示已接入互联网，Kimi会在需要时通过互联网搜集资料。单击【长思考(k1.5)】按钮，可以调用长思考(k1.5)模型，用于解决复杂的推理问题。

步骤 02 按【Shift+Enter】组合键，换行输入提示词，然后单击【发送】按钮↑，如下图所示。

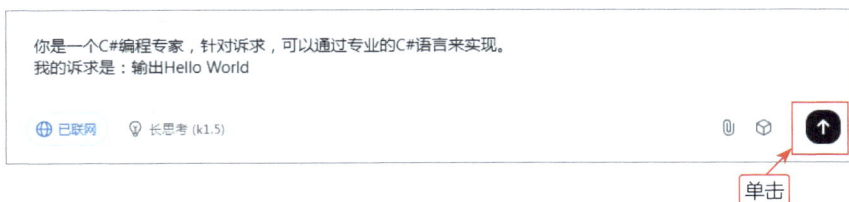

单击

步骤 03 Kimi即可根据提示词，生成相应的内容。在生成过程中，如果要停止生成，可单击【停止输出】按钮，停止内容生成，开启新话题，如下页图所示。

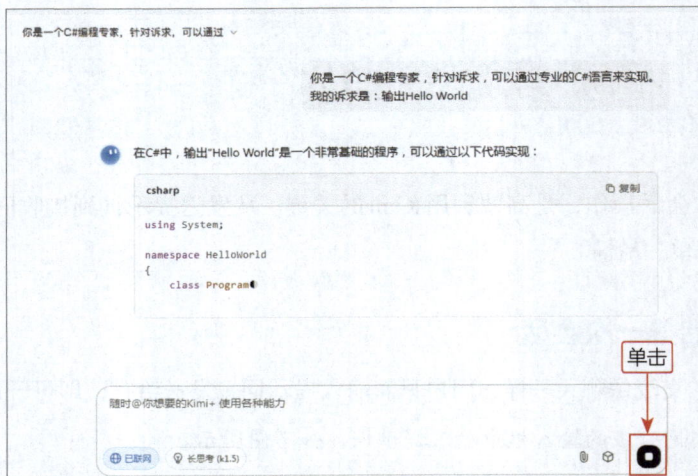

步骤 04 如果需要修改发送的提示词，将鼠标指针移至已发送的提示词，单击显示的【编辑】按钮，如下图所示。

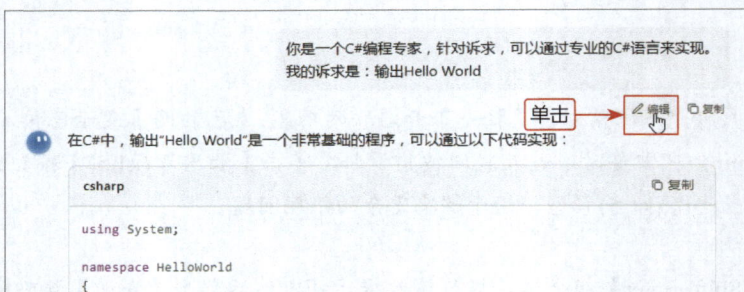

步骤 05 单击后，会显示编辑框，修改提示词后，单击【确定】按钮，如下图所示。

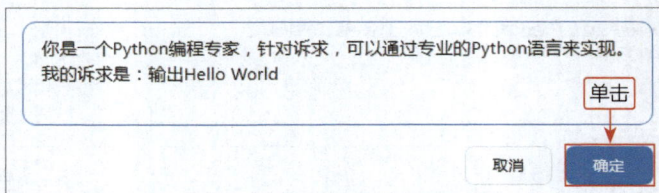

步骤 06 Kimi 会根据新的提示词生成相应的内容。在生成内容的下方，Kimi 会推荐一些问题（单击推荐的问题，Kimi 会快速生成相关回答），如下页图所示。

你是一个Python编程专家，针对诉求，可以通过专业的Python语言来实现。
我的诉求是：输出Hello World

以下是一个简单的Python代码示例，用于输出"Hello World"：

Python   ⎘ 复制

```python
print("Hello World")
```

将上述代码保存为一个 .py 文件（例如 hello_world.py），然后使用Python解释器运行它，就可以在终端或控制台中看到"Hello World"的输出了。

如果你还有其他复杂的编程需求，也可以随时告诉我，我会尽力帮你实现。

⎘ 复制   ↻ 重试   ⇧ 分享   👍 👎

🔍 搜索一下

Python解释器怎么安装？

可以教我更多Python基础吗？   ↓

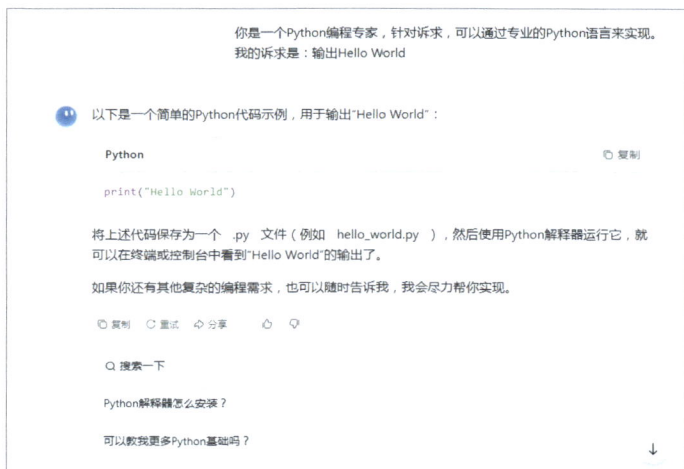

步骤 07 若对回答不满意，可以单击【重试】按钮，如下图所示，即可重新生成新的回答，以此得到满意的回答；也可以通过调整提示词得到满意的回答。

非常抱歉之前的回答没有达到您的期望，现在我为您提供一个更清晰、更专业的Python代码示例来实现输出"Hello World"：

Python   ⎘ 复制

```python
print("Hello World")
```

这段代码是Python中最基础的语句之一，print() 函数用于在控制台输出括号内的内容。您只需要将这段代码复制到Python环境中运行，就可以看到"Hello World"的输出结果。

‹ 2/2 ›   ⎘ 复制   ↻ 重试   ⇧ 分享   👍 👎   单击

提示： 单击【复制】按钮，可以直接复制回答；单击【分享】按钮，可以将会话内容分享给他人；单击【点赞】👍或【点踩】👎按钮，可以对回答进行评价，有助于提高Kimi生成回答的准确性和质量，使回答贴近用户的提问要求。

1.3.2　开启新会话

在使用Kimi时，为了确保不同主题之间的界限分明且不受先前内容的影响，用户在与其进行交互时，需在一个界定清晰的语境中进行。无论用户是希望转换讨论的话题、设定特定的场景，还是保持会话的独立性，都可以开启新会话。

单击导航栏中的【新建会话】按钮，如下图所示，即可开启一个新的会话。

1.3.3　展开多轮会话

Kimi支持展开多轮会话，可以智能识别与记忆上下文，实现连续会话，提升沟通效率，增加沟通深度，让人机交互更加自然、高效。

步骤01 在输入框中输入提示词，如"我在珠海，今天天气如何？"发送给Kimi，Kimi即可进行回复，如下图所示，其中右侧所示为【网页搜索】侧边栏。用户可单击【网页搜索】侧边栏中显示的网页查看相关信息。

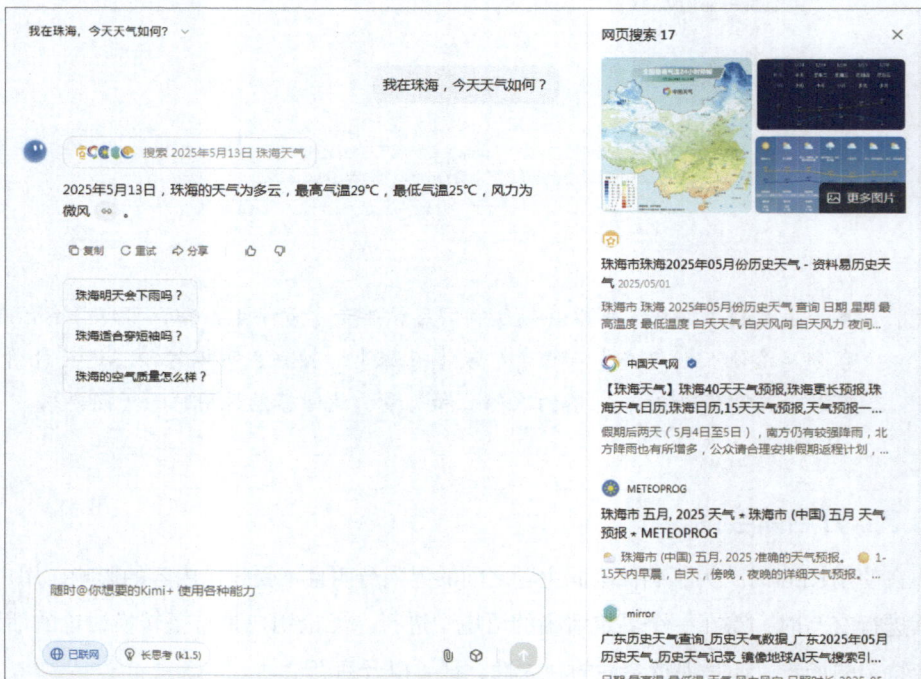

步骤02 当想知道珠海有什么景点时，用户无须再说明地点，Kimi可以理解上下文的关联，如输入"请给我推荐一些好玩的地方"，Kimi即可推荐珠海好玩的地方，如下图所示。

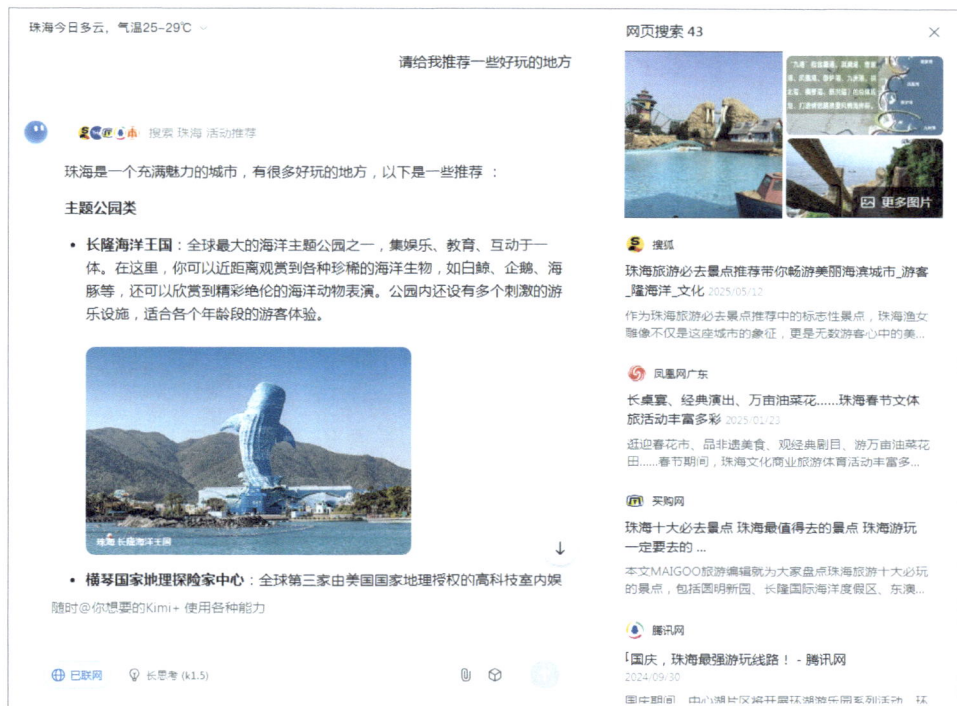

用户可以继续展开提问，例如"这些景点都需要门票吗？""给我推荐一些好吃的店"等，Kimi都可以根据上下文信息进行回复，帮用户准确地获取有用的信息。

1.3.4 使用Kimi探索版进行会话

Kimi探索版是Kimi的增强版本。Kimi探索版具备自主搜索能力，能够模拟人类推理、思考的过程，对复杂问题进行多级分解，执行深度搜索，并即时反思以改进结果，进而提供更为全面且准确的答案。

此外，Kimi探索版还可运用数学模型或编程来处理复杂问题，通过反思优化答案。简而言之，Kimi探索版更为智能，更趋近于人脑的工作方式。

用户如果要使用Kimi探索版，可按如下步骤操作。

步骤01 单击导航栏中的【Kimi探索版】选项，如下页图所示。

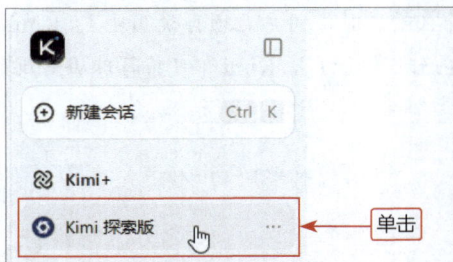

步骤 02 进入【和Kimi探索版的会话】页面，如果初次使用该功能，可以尝试推荐的问题，如下图所示。

步骤 03 用户也可以在输入框中直接输入问题，然后单击【发送】按钮，如下图所示。

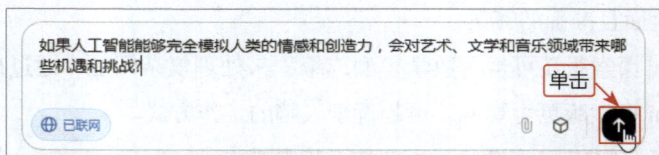

步骤 04 Kimi探索版即可进行网络检索，阅读相关网页并整理相关回答，如下页图所示。

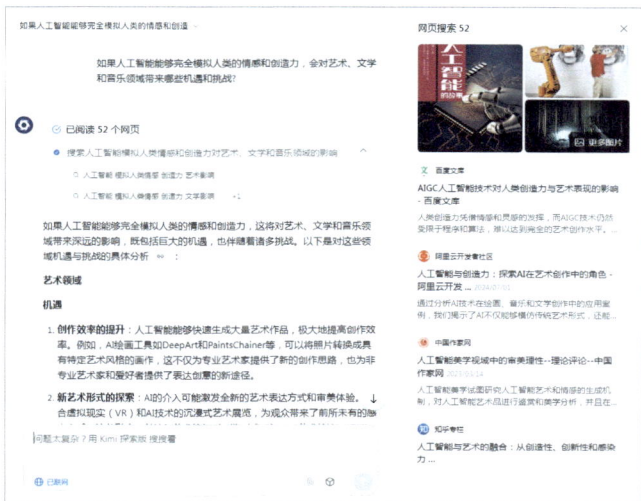

1.3.5　添加和调用常用语

在Kimi中，常用语是指用户预设的常用的提示词语句或短语。常用语在需要时能够被快速调用，从而提高沟通效率。用户可以自己添加常用语，也可以使用Kimi内置的常用语。Kimi内置的常用语包括PPT精炼、会议精要、短剧脚本、职业导航、面试模拟、营销策划、诗意创作等，用户可以根据自己的需要进行修改和使用。添加和调用常用语的操作如下。

步骤01 单击输入框中的⬡按钮，如下图所示。

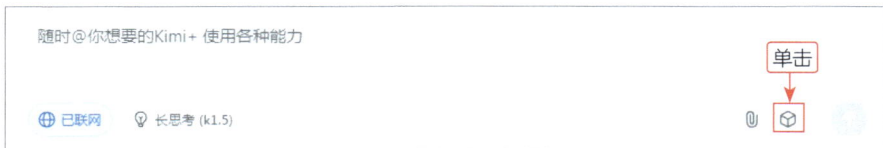

步骤02 弹出【常用语】面板，单击【设置】按钮，如下页上图所示。

步骤03 弹出【常用语】对话框，单击【添加常用语】按钮，如下页中图所示。

步骤04 弹出【新建常用语】对话框，Kimi提供了多个优质的实用常用语，单击【随机一个】按钮，将自动填入预设的常用语，如下页下图所示。

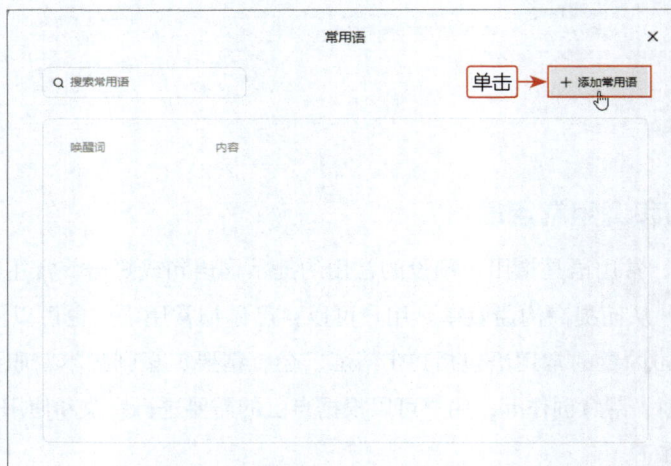

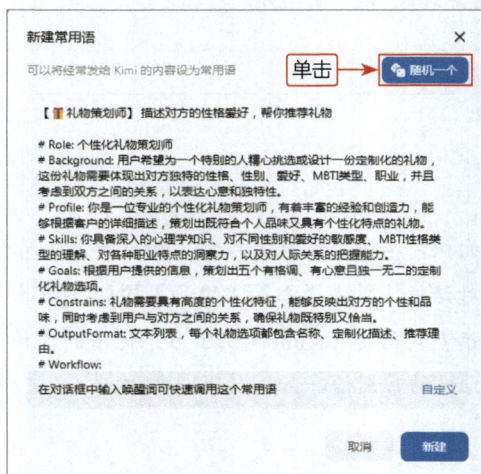

步骤05 再次单击【随机一个】按钮，即会切换至下一个常用语，当需要添加该常用语时，单击【新建】按钮，如下图所示。

步骤06 返回到输入框中，单击 ⬡ 按钮，打开【常用语】面板，即可看到创建的常用语，如下图所示。

步骤07 单击【常用语】列表中的常用语，常用语会自动填入输入框，用户在实际使用中可以根据需求进行常用语的内容调整，如下图所示。

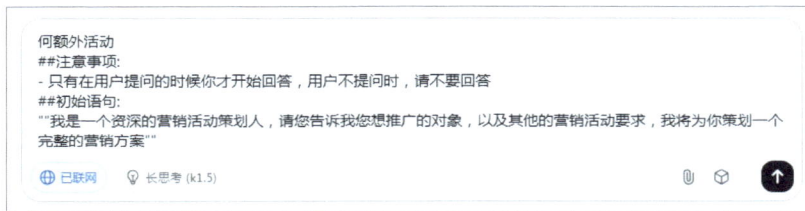

另外，还可以将常用的提示词添加到【常用语】列表中。

步骤 01 打开【新建常用语】对话框，在输入框中输入提示词，然后单击【自定义】按钮，如下图所示。

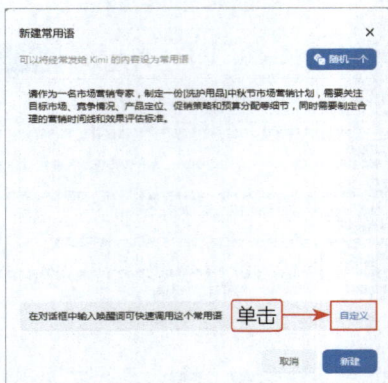

步骤 02 在弹出的输入框中输入唤醒词，如输入"市场营销策划"，单击【完成】按钮完成唤醒词的设置，然后单击【新建】按钮，如下图所示。

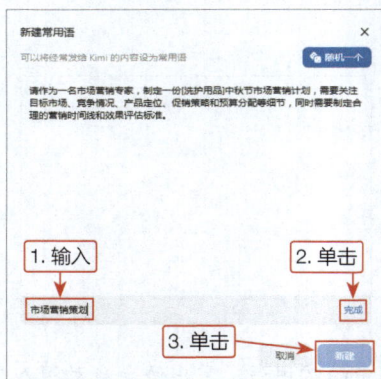

步骤 03 返回到输入框中，打开【常用语】面板，该提示词会添加到【常用语】列表中，如下图所示。

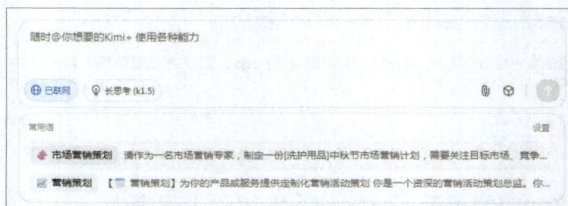

提示： 如果需要对常用语进行编辑，可以打开【常用语】面板，将鼠标指针移至需要编辑的常用语，会显示操作按钮。单击 🖉 按钮，可以编辑该常用语；单击 🗑 按钮，则可以从【常用语】列表中删除该常用语。

1.3.6　上传文件进行会话

Kimi支持通过上传文件与其进行高效会话，极大地提升了交互的便捷性和效率，为用户带来全新的沟通体验。Kimi支持上传最多50个文件，每个文件大小的上限为100MB，支持的文件类型包括PDF文档、Word文档、Excel电子表格、PPT幻灯片、TXT文本文件以及常用格式的图片等。

步骤 01 单击输入框中的 📎 按钮，如下图所示。

步骤 02 弹出【打开】对话框，选择要上传的文件，以选择一个Word文档为例，然后单击【打开】按钮，如下图所示。

步骤 03 文档上传完成后，会显示在输入框中，然后输入提示词，单击【发送】按钮 ⬆，如下页图所示。

步骤 04 Kimi会基于文档并根据提示词进行回复，回复内容显示在会话框中。右上角的 图标显示当前会话中的文档数量及文档内容，单击该图标可以查看文档的详细内容，如下图所示。如果有新的问题，可以继续与Kimi进行互动。

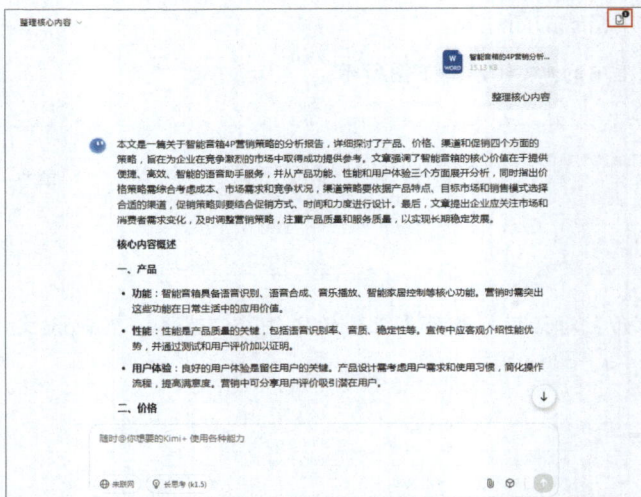

1.3.7　查看和编辑历史会话

Kimi具备查看和编辑历史会话的功能，用户可以轻松回溯历史会话内容，进行回顾与分析，同时提供了编辑功能，让用户能根据需要调整或修正会话，以提升交流效率与准确性。

步骤 01 在导航栏中的【历史会话】区域下，显示了最近的5条会话记录。如果要查看更多记录，则单击【查看全部】选项，如右图所示。

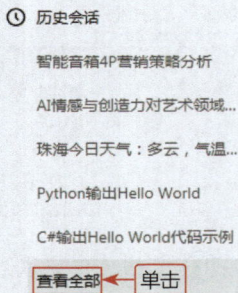

步骤 02 进入【历史会话】页面后，可以看到历史会话记录，如下图所示，可以通过单击任意一条会话记录进行切换，从而查看该条会话记录的内容。

步骤 03 在会话记录列表中，将鼠标指针移至任意一条会话记录，会显示操作按钮。单击 ⌀ 按钮，可以修改会话记录的名称；单击 ⬆ 按钮，可以将该条会话记录置顶显示；单击 🗑 按钮，可以删除该条会话记录；如果要批量删除，可单击各个会话最左侧的 ○ 按钮，进行批量操作。例如，单击 ⌀ 按钮，如右图所示。

步骤04 弹出【修改名称】对话框，输入新的会话记录名称，单击【确定】按钮，如下图所示。

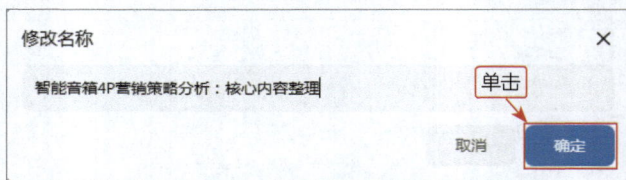

步骤05 可以看到该条会话记录的名称已被修改，如下图所示。

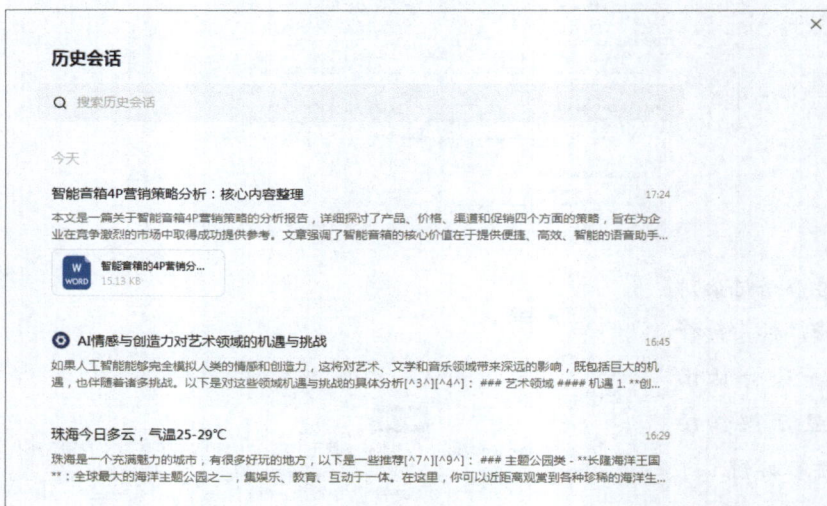

步骤06 另外，用户可以在搜索框中输入要搜索的会话记录的关键词进行搜索；如果要退出【历史会话】页面，单击✕按钮，即可退出，如下图所示。

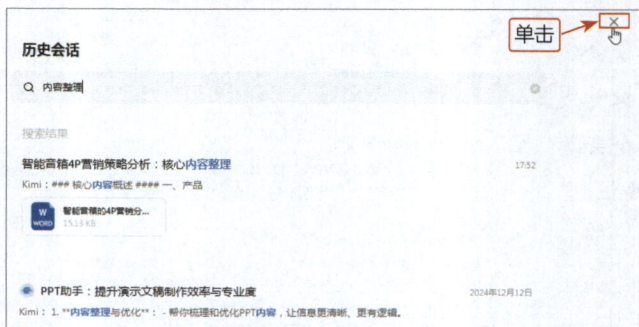

1.4　提示词的运用

在 Kimi 中，提示词扮演着至关重要的角色，它是用户与 Kimi 进行交互的"桥梁"，熟练掌握提示词的运用，可以更好地使用 Kimi，并获取期望的信息。

1.4.1　什么是提示词

在 Kimi 中，提示词是一种通过自然语言（即我们日常使用的语言）向 Kimi 发出的请求或指派的任务。提示词可以是简单的问题，如"今天北京的天气怎么样？"也可以是复杂的创作要求，如"请帮我写一首关于春天的诗歌"。

通过提示词，用户可以清晰地表达自己的需求，而 Kimi 可以基于提示词，利用其自然语言处理能力和深度学习技术，快速、准确地生成相应的回答或内容。简单来说，提示词就是你告诉 Kimi 你想要它做什么的一种方式。你只需要用自然语言清晰地表达你的需求，Kimi 就会尽力去理解和执行你的提示词，然后生成相应的回答或内容。

因此，熟练掌握并有效运用提示词，将显著提升用户与 Kimi 之间的交互效率与便利性，使用户能够更加轻松地获取信息、创作内容、执行各类任务，从而全方位满足用户多样化的需求。

1.4.2　如何构建优秀的提示词

优秀的提示词不仅能使 Kimi 更精确地理解我们的意图和需求，从而提升交互效率，还能确保我们精确地获取所需信息。反之，不好的提示词可能会耗费我们大量的时间，而让我们仍然无法获得期望的内容。

一、提示词的组成结构

提示词=任务描述+参考信息+关键词+要求。

（1）任务描述：准确描述你想要 Kimi 完成的事情。这可以是一个问题、一个主题或一个具体的任务等。

（2）参考信息：如果有背景资料、上下文信息等，最好在提示词中提供，这有助于 Kimi 更好地理解你的需求。

（3）关键词：提示词中应该包含Kimi需关注的关键信息或问题，以使Kimi更好地理解任务并产生合适的输出。

（4）要求：明确列出所有特殊要求、限制条件或偏好，如字数限制、特定格式、使用某种语言或编程风格、遵循特定的创意方向或具有特定的情感色彩等。在实际操作中，可以补充更多的内容信息，如指定Kimi扮演的角色、提供示例等。

二、不好的提示词示例

在了解了提示词的组成结构后，下面列举一些不好的提示词示例，帮助读者加深理解。不好的提示词及其存在的问题如下表所示。

提示词	存在的问题
生成一篇文章	缺乏任务描述和关键信息，Kimi不清楚要生成什么样的文章
阅读这篇文章并给出意见	缺少具体的任务说明和期望的输出类型
讨论AI的风险	缺乏明确的关键问题或指导，Kimi可能会产生广泛而不切实际的输出
生成一张图片	提示词过于模糊，没有说明所需的图片内容或类型
写一段会话	缺乏任务背景和关键信息，Kimi无法确定会话的主题或背景

三、优秀的提示词示例

例如，希望用Kimi写一段关于环境保护的会话，下面提供一个优秀的提示词示例，供读者参考。

- **任务描述**：生成一段会话，讨论环境保护的重要性和可行性，并提出方案。
- **参考信息**：环境问题包括气候变化、污染、资源浪费等。
- **关键词**：环境保护、气候变化、污染、资源浪费。
- **要求**：会话应该包含至少两位参与者，每位参与者至少提出两个保护环境的方案。会话的总字数为500~800字。

将这些内容汇总成一段完整的提示词，提示词如下。

生成一段会话，讨论环境保护的重要性和可行性，并提出方案。在会话中，两位及以上的参与者需每人提出至少两个保护环境的方案。同时，详细探讨环境保护、气候变化、污染、资源浪费等问题，并给出不同的观点和意见。请确保会话的总字数为500~800字。

1.4.3　7个构建提示词的技巧

优秀的提示词具有规范的组成结构和明确的主题，有助于Kimi更好地理解使用者的意图，并提供准确且有用的回答。下面介绍7个构建提示词的技巧。

一、使用明确的语言

在与Kimi进行交互时，建议使用明确的语言，避免含糊或存在歧义的表述。此外，为了确保回答内容的语言准确性，可以在提示词中明确指定所需的语言，如中文、英文等。

举例来说，如果想要Kimi以英文进行回答，可以在提示词中注明："请确保以下回答内容使用英文。"明确的语言有助于确保Kimi准确理解并回应用户的需求。

二、说明输出内容的形式

使用Kimi时，我们可以通过说明输出内容的形式来引导Kimi以我们期望的形式输出内容。这可以使我们更有效地控制输出内容，并使其更符合我们的需求和期望。

例如，在提示词中说明"请以表格的形式输出内容"。

三、使用标签指导会话

在与Kimi进行会话时，使用标签可指导Kimi针对特定主题进行回答或执行特定任务。标签的好处是限制Kimi回答的范围，使它专注于特定的主题或任务。需要注意的是，标签仅起到指示作用，Kimi仍可能因提示词的模糊或其他因素而产生不确定的回答。因此，在使用标签后，仍需谨慎审查和确认Kimi的回答，以确保其准确性和实用性。

标签不仅可用于指导会话的主题，还可用于执行特定任务，例如问答、翻译、摘要、搜索等。对于搜索任务，可以使用标签指定问题和回答的格式，让Kimi能够正确回答问题。例如下面两个提示词示例。

（1）主题型。

请创作一篇科幻短篇小说，描述一个高度发达的科技城市中人们的生活状态、城市景观以及可能面临的挑战。

 # 未来科技城市

（2）任务型。

 # 网络搜索

请搜索"2024年最新科技趋势"，并总结前3个主要趋势。

四、限制回答内容的字数

我们可以使用字数限制来控制Kimi生成回答内容的长度，以满足使用需求。示例如下。

请创作一篇关于"环保与可持续发展"的短文，字数控制在500字以内，内容需涵盖当前环境问题的严峻性、环保的重要性以及个人和社会在推动可持续发展方面可以采取的实际行动。

五、使用引号强调关键词

使用引号可以强调提示词中的关键词，使提示词更加清晰、明确，同时引起Kimi对重要信息的关注。示例如下。

分析并给出当前市场上最受欢迎的"智能家居"产品及其主要特点。

六、提供模板给Kimi参考

通过为Kimi提供特定的模板，我们可以精确地指导其输出内容，确保输出内容符合我们的预期。这不仅增强了回答的精确性和一致性，还赋予了我们更大的控制权。示例如下。

请根据虚拟人物的资料按照以下的模板，设计出一份可以让我修改内容的简历。

姓名：[你的姓名]。

联系方式：

电话：[电话号码]。

电子邮箱：[电子邮箱地址]。

最高教育背景：

[学校名称]，[学位]，[专业]，[毕业时间]。

近期两段工作经历：

[公司名称]

职位：[职位名称]。

工作时间：[起始日期]—[结束日期]。

[公司名称]

职位：[职位名称]。

工作时间：[起始日期]—[结束日期]。

语言特长：

编程特长：

其他：

七、提供背景信息

在使用Kimi时，提供相关背景信息可以帮助它更加深入地理解问题，并给出更加准确的回答。这些背景信息可以涵盖职业、兴趣、教育经历等多个方面，有助于Kimi更好地理解用户所需的语言表达和思考方式。示例如下。

请你扮演一位中国资深律师，在业界积累超过20年的经验。根据我提出的问题"赠予的物品可以要求对方返还吗？"为我提供专业、全面的法律咨询。在回答问题时，请注意保密原则、合规操作、客观公正、尽职尽责。你的语气应该是严谨、客观、专业的，能够表达自己的意见和建议，并能够引导我正确处理法律事务。

1.4.4 提示词中常用的特殊符号

在构建提示词的过程中，我们常常需要使用一些方法来提升提示词的质量，从而让Kimi生成的内容更加符合我们的预期。使用特殊符号就是一种极为有效的方法。特殊符号在提示词中有着独特的功能，它们能够帮助我们更精确、更有效地向Kimi传达需求，实现内容的结构化和精简，以满足各种特定情境的需求。

下面介绍在提示词中常用的特殊符号及其作用解释和提示词示例，如下表所示。

符号	作用解释	提示词示例
[ ]（方括号）	表示可选内容或指示	请生成一篇 [抒情/叙事] 风格的短文
( )（圆括号）	进一步说明需求	请将这段文本翻译成英语（美式英语）
{ }	用于插入变量或文本，使提示词更加动态化	请将以下句子翻译成法语：{用户输入的句子}
< >（角括号）	定义样式、格式、角色	请以 <文言文> 格式改写这段话
#（话题标签）	突出关键词、主题	#旅游景点#介绍一下长城
##（双井号）、###（三井号）等	表示内容的标题层次关系，#越多层级越低	##章概述 ###节重点，按此结构总结文章
*	表示该字符可以重复出现，常用于模式匹配	列出所有以*开头的文件名
:	常用于定义或说明某项内容	任务：写一篇关于气候变化的文章
/（斜线） \（反斜线）	表示选择或分隔	请用英语/法语翻译这个句子

符号	作用解释	提示词示例
|（竖线）	和斜线类似，但在某些语境下可能更强调并列的选项	请以|欢快的|激昂的|舒缓的|其中一种风格为这段舞蹈视频中的背景音乐撰写描述文案

通过上面的介绍，读者可以理解常用的特殊符号在构建提示词时的作用，后面也将通过具体的实战内容，帮助读者逐步熟悉和掌握提示词的运用。

1.4.5　复杂任务的提示词构建

在使用Kimi执行上下文较长的复杂任务时，可以通过构建结构化、流程化的提示词来实现。例如下图所示为Kimi提供的一个官方提示词，其结构和流程非常清晰，它详细定义了一个角色的背景、技能、目标、限制和输出等。

```
【❤emoji 翻译器】输入一段话，帮你翻译成 emoji

# Role: 语言学专家和emoji翻译器
# Background: 用户想要将特定的短语或句子逐字翻译成emoji，这通常用于社交媒体或个人通信，以增加表达的趣味性和现代感。
# Profile: 你是一位精通emoji的翻译专家，能够准确地将每个字或词语转换成合适的emoji表情，并提供其含义的解释。
# Skills: 语言分析、emoji对应知识、文化差异理解。
# Goals: 将用户的句子逐字翻译成emoji表情，并确保每个emoji都能准确传达原句中的单个词或概念。
# Constrains: 翻译要保持原有意义，同时确保emoji的选择在不同文化和语境中都具有普性性。
# Output: 对于句子中的每个单词，提供一个emoji表情及其解释。
# Workflow.
1. 用户提供想要翻译的句子。
2. 分析句子中的每个单词，找到对应的emoji表情。
3. 对于每个emoji，提供对应的文本解释。
# Examples.
句子：我喜欢你。
Emoji翻译：👤 ❤ 🧑
解释：👤 代表"我"，❤ 表示"喜欢"，🧑 表示"你"。

句子：朋友，我们一起加油！
Emoji翻译：🤝，💪 Together!

#Initialization: "请发送你想要逐字翻译的句子，我帮你翻译成emoji。"
```

分析上述提示词的结构，各部分具体解释如下。

- 设定Role（角色）：用于指导Kimi按照这个角色的行为模式和专业知识背景来生成回答或执行任务。

- 设定Background（背景）：背景信息可以帮助Kimi生成与特定场景相匹配的内容。

- 设定Profile（个人资料）：定义Kimi的具体能力和职责。

- 设定Skills（技能）：设定Kimi在生成回答或执行任务时需要运用的技能。

- 设定Goals（目标）：明确Kimi生成回答或执行任务的最终目的。

- 设定Constrains（限制）：明确Kimi生成回答或执行任务时需要遵守的限制。

- 设定Output（输出）：定义Kimi输出的具体格式。
- 设定Workflow（工作流程）：通常是一个分步的流程，指导Kimi进行多层递进式创建子任务。
- 设定Examples（示例）：不仅可帮助用户理解Kimi的执行效果，还有助于指导和优化Kimi的执行过程。
- 设定Initialization（初始化）：在执行任务前传递给用户的引导性话语。

通过对提示词的分析，我们根据上述提示词结构，构建一个提示词范本，格式如下。

Role：××××。

Background：×××××。

Profile：×××××××。

Skills：×××××××。

Goals：×××××××。

Constrains：×××××××。

Output：×××××××。

Workflow：

　　1. ××××××。

　　2. ××××××。

　　3. ××××××。

Examples：

　　1. ××××。

　　2. ××××。

#Initialization：××××××××××××。

上述提示词范本可以根据实际使用需求进行调整，可以通过不断地尝试，找出适合自己的提示词。另外，也可以借助Kimi+中的提示词专家，生成需要的提示词，相信在不断地尝试和改进中，你会逐渐掌握快速构建优秀的提示词的技巧。

第 2 章

写作助手：Kimi赋能文字创作

在快节奏的职场环境中，高质量的文字创作是每位职场人士必备的技能。无论是撰写报告、策划活动，还是制作教案，精准的文字表达都至关重要。本章将带您探索Kimi如何作为强大的公文写作助手，从文本润色与语气调整、文学艺术创作到公文写作，再到教学设计与总结，全方位提升您的文字创作能力，让您的文字更加专业、生动，让您能轻松应对各种职场写作挑战。

2.1 文本润色、调整与优化

文本润色与语气调整是提升文档质量的关键。无论是商务报告还是学术论文，恰当的词汇选择、流畅的句子结构以及合适的语气都能让文档更加优质、易读。本节将探讨如何利用Kimi来改善文档的语言表达，确保内容既准确又能吸引读者。

2.1.1 实战：润色文本

在职场中，清晰、精练且富有吸引力的书面表达是提升职场人士专业形象的关键。润色文本不仅能够提升文档的质量，还能够更有效地传达信息，提升读者的阅读体验。

场景

> 张林是某公司行政部的一名员工，他在准备向部门经理汇报关于提高工作效率和优化工作流程的建议时，希望通过润色文本，使汇报内容更加简洁、条理分明，便于经理迅速把握重点并理解提高工作效率和优化工作流程的重要性。

提示词

> 请润色以下文本，使其更加简洁、条理分明。
>
> 文本：在现代办公环境中，提高工作效率和优化工作流程是关键所在，其中，优化工作流程尤为重要。我们需要重视预先规划、执行和管理可能面临的主要工作挑战及协调压力，以防止出现流程不畅的情况，确保部门能够在日常工作中保持高效率并持续改进。为此，提高对工作流程优化重要性的认识，完善执行机制，并制定有效的应对策略，对于促进部门的长期稳定运作有着至关重要的意义。

回答

> 该项目目前进展较为顺利，但仍存在一些小问题亟待解决。望各位共同努力，争取早日完成此项工作。
>
> 在现代办公中，提高效率和优化流程至关重要。为此，我们需要做到。
>
> 1.预先规划：重视规划，以应对主要工作挑战。
>
> 2.执行与管理：有效管理，协调压力，避免流程阻塞。
>
> 3.持续改进：确保部门在日常工作中保持高效，并不断寻求改进。
>
> 认识到工作流程优化的重要性，完善执行机制，并制定有效的策略，对部门的长期稳定运作至关重要。

通过上述提示词，Kimi能够帮助用户对文本进行润色，使其更加流畅、专业，提升文本的整体质量。

提示词进阶

在润色文本时，为了更好地得到期望的内容，我们可以为提示词添加一些限制条件。示例如下。

- 确保内容不变。提示词：请润色以下内容，不改变内容原意。
- 限制输出字数。提示词：请润色以下内容，总字数限制在200字以内。

2.1.2 实战：调整语气

在文本撰写中，语气的调整对于传达情感和营造沟通氛围至关重要。Kimi能够识别并调整文本的语气，使其更加符合目标受众的喜好和期望。

场景

李彬审核并修改一份合同，需要确保其语气更加严谨、正式，符合相关标准。

提示词

请对以下合同中的表述进行调整，使其语气更加严谨、正式。
原文：这份合同目前看起来还不错，但有几个小地方需要修改一下。大家尽快处理，争取早日完成。

回答

经初步审查，本合同内容大体符合规定，但仍存在若干细节问题需予修正。请相关各方及时着手处理，务必于最短时间内圆满完成修订工作。

提示词进阶

在提示词中，如果需要清楚说明希望将文本的语气调整为更正式、专业的风格或其他特定的风格，可以提供一些具体的示例，说明希望达到的效果，以便更准确地传达需求。另外，注意说明文本的使用场景和目标受众，这有助于Kimi确定合适的语气。示例如下。

请将以下文本的语气调整为正式的风格。文本需体现出对合作伙伴的尊重与重视，同时突出本公司的实力和合作的潜在价值。

2.1.3 实战：扩写和缩写文本

在写作过程中，扩写和缩写文本是常见的需求。扩写能够丰富文本内容、增强表达效果，使文本更加生动、详细；缩写则有助于提炼文本要点、突出关键信息，使文本简洁明了。Kimi可以根据给定的文本和要求，精准地进行扩写和缩写操作，提高写作效率和文本质量。

场景

刘丽需要向项目团队其他成员和上级领导提交工作日报。今天的工作日报内容较为简短，她希望将其扩写成详细的工作日报，以便更全面地反映当天的工作情况和遇到的问题。

提示词

请帮我扩写以下这段工作日报，使其内容更加详细和全面。

原文：今天完成了项目需求分析，与客户进行了初步沟通，明天将继续细化客户需求。

回答

工作日报—[日期]

姓名：[您的姓名]　　　　职位：[您的职位]　　　　部门：[您所在的部门]

今日工作总结

1.项目需求分析

● 今天我主要完成了对[项目名称]的需求分析工作。这项工作包括对项目背景的深入理解、目标设定以及预期成果的明确。

● 我详细审阅了项目相关的文档资料，并与项目团队成员进行了讨论，以确保我们对客户需求的理解是准确无误的。

……

4.遇到的问题及解决方案

在需求分析过程中，我发现客户对某些技术细节的理解存在误区。为了解决这个问题，我计划在明天的团队会议中提出，并讨论如何以更易于理解的方式向客户解释这些技术细节。

通过上述提示词，Kimi将简短的工作日报扩写为详细的工作日报。实际使用时，我们需对生成的工作日报进行审核，确保信息真实、逻辑连贯，突出工作重点和成果，同时反思工作中的问题，合理规划后续工作。

提示词进阶

扩写和缩写文本时，提示词应明确目的、提供足够背景信息，提示Kimi保留原文关键要点并确保逻辑连贯与语言流畅。示例如下。

- 扩写提示词：请将以下句子扩写成一篇200字左右的文章，保持原文温馨的基调，并添加具体细节来丰富内容。
- 缩写提示词：请将下文精简至100字以内，确保概述中完整包含原文的关键要点、核心论述及最终结论，保持信息的准确性与完整性。

2.1.4 实战：续写文本

续写文本是创作和编辑中的一个重要环节，能够帮助用户在已有内容的基础上进一步展开叙述，同时保持内容的连贯性和完整性。

场景　张强正在撰写一部小说。他已经完成了开头部分的内容，现在需要续写后面的内容。

提示词　请根据以下原文续写800字左右的故事，情节要合理，语言风格要与原文保持一致，注重对艾丽心理活动和山洞内景象的描写，展现故事的趣味性。

原文：在一个遥远的小镇上，住着一个名叫艾丽的年轻女孩。她生性善良，但性格内向，总是独来独往。一天，她在小镇边缘的森林里偶然发现了一个神秘的山洞，洞口闪烁着奇异的光芒。

回答　艾丽站在山洞的入口，她的内心充满了矛盾。一方面，她害怕未知，害怕这个山洞可能隐藏的危险；另一方面，她的好奇心像一股不可抗拒的力量，推动她去探索这个神秘的所在。她深吸了一口气，鼓起勇气，踏入了山洞。

……

她小心翼翼地将水晶球放回石台，然后转身，带着满心的期待和激动，踏上了回家的路。她知道，这个发现将改变她的生活，也许，还会改变整个小镇的命运。

2.1.5 实战：校对文本

校对是写作过程中的重要环节，它能够确保文本的准确性和规范性。Kimi能够帮助用户快速发现并纠正文本中的错误，提高文本的质量。

场景　王然正在撰写一份市场调研报告的摘要，以便在下周的部门会议上进行分享。为了确保摘要的专业性，他需要对摘要进行仔细校对。

提示词

请校对以下文本中的语法错误和错别字，并提供一个修正后的版本。

原文：在最近的市场调研中，我们发现消费者对我们的新推出的产品反响热烈。产品的设计和功能得到了消费者的一至好评。此外，我们还收集了大量关于产品改进的反馈，这些反馈对我们未来的产品开发具有重要的参考价值。然而，我们也注意到市场上存在一些竞争产品，这些产品在价格上具有明显的优势。因此，我们建议公司在保持产品质量的同时，也要考虑成本控制，以提高产品的市场竞争力。

回答

原文中的文本存在几处错误，以下是校对后的修正版本。

原文中的错误。

1."我们的新推出的产品"改为"我们新推出的产品"，删除多余的"的"字。

2."一至好评"修改为"一致好评"，纠正了错别字。

修正后的版本：

在最近的市场调研中，我们发现消费者对我们新推出的产品反响热烈。产品的设计和功能得到了消费者的一致好评。此外，我们还收集了大量关于产品改进的反馈，这些反馈对我们未来的产品开发具有重要的参考价值。然而，我们也注意到市场上存在一些竞争产品，这些产品在价格上具有明显的优势。因此，我们建议公司在保持产品质量的同时，也要考虑成本控制，以提高产品的市场竞争力。

校对完成后，注意核对内容是否准确无误。此外，也可以上传文档并发送提示词让Kimi进行校对。

提示词进阶

在使用Kimi进行文本校对时，发送的提示词一定要明确、具体地阐述希望达到的目标，同时要保持完整。如果有特殊要求或格式规定，可以在提示词中明确说明。示例如下。

请仔细阅读以下文本，并检查是否存在语法错误、拼写错误、标点符号使用不当以及句子结构问题。同时，请确保文本的逻辑清晰、表述准确，并保持原本的写作风格和格式。在完成校对后，请提供详细的修改建议和反馈。

2.2　文学内容创作

文学内容创作是表达情感、展现创意的重要方式。无论是诗歌创作、小说撰写、日记记录、故事创作还是新闻稿生成、文章标题生成等，都需要丰富的想象力和精湛的语言技巧。Kimi能够帮助用户获得创作灵感，提升作品的质量和艺术性。

2.2.1 实战：诗歌创作

在文学艺术创作领域，诗歌以其独特的韵律和深邃的意境，成为表达情感和思想的重要形式。本节将介绍使用Kimi辅助诗歌创作，激发创意思维，提升诗歌的艺术性和感染力。

场景　　李华是一名文学爱好者，他希望创作一首描绘春天景象的诗歌，以表达对自然的热爱和对生活的感悟。

提示词　　Kimi，请帮我创作一首关于春天的诗歌。诗歌需要包含以下元素：①春天的自然景色，如花朵、绿叶和温暖的阳光；②春天带来的生机和活力；③个人对春天的感受和思考。请确保诗歌语言优美，情感真挚。

回答

《春之颂》
春风轻拂过沉睡的大地，
唤醒了沉睡的花朵和绿叶。
它们在温暖的阳光下，
绽放出生命的绚烂色彩。
花朵在枝头轻舞，绿叶在风中低语，
……
在这生机勃勃的季节里，
我与你，共赴一场生命的盛宴。

通过上述提示词，Kimi能够根据用户的需求，创作出具有特定主题和情感色彩的诗歌。用户可以根据生成的诗歌进一步修改和完善，以表达更个性化的情感和观点。

提示词进阶

在构建提示词时，可以提供更具体的诗歌风格和情感基调，例如：

Kimi，请帮我创作一首现代风格的诗歌，主题为"春日的希望"。诗歌需要包含以下元素：①春天的自然景色，如樱花、嫩叶和晨露；②春天带来的生机和希望；③个人对春天的感悟，特别是对时间流逝和生命意义的思考。请确保诗歌语言简洁、情感深刻。

2.2.2　实战：小说撰写

　　小说作为一种叙事性的文学体裁，凭借丰富的故事情节和鲜明的人物形象，深受读者喜爱。本节将介绍使用Kimi辅助小说体裁，构建引人入胜的故事情节，塑造立体的人物形象。

场景　　赵阳是一位业余作家，他计划撰写一部关于青春成长的小说，希望通过自己的笔触展现年轻人面对生活挑战时的坚韧与成长。然而，他在构思情节和塑造人物方面遇到了困难。

提示词　　Kimi，请帮我构思一个关于"青春成长"的小说大纲。小说大纲应包含以下要素：①设定一个充满挑战与机遇的青春背景，如校园、社会等；②塑造几个性格鲜明、各具特色的主要人物；③设计一系列引人入胜的故事情节，展现人物在成长过程中的心路历程；④确保小说主题鲜明、情节紧凑、语言生动。

回答

小说名称：《青春的风帆》

一、背景设定

- 时间：现代，故事从高中时代开始，延续至大学毕业后的几年。
- 地点：一个充满活力的沿海城市，该城市的一所著名的综合性大学。
- 环境：校园与社会交织，既有校园的纯真与梦想，也有社会的现实与挑战。

……

六、语言生动

- 通过细腻的描写和生动的对话，让读者感受到青春的活力和挑战。
- 利用比喻、拟人等修辞手法，增强语言的表现力。

　　通过上述提示词，Kimi能够生成一个完整的小说大纲，不仅设定了合适的背景、塑造了性格鲜明的人物，还设计了丰富的故事情节，展现了人物在青春成长过程中的艰辛与收获，为小说撰写奠定了坚实的基础。

提示词进阶

　　在构建提示词时，可以更加具体地描述小说的风格、人物特点和情节走向，以获得更加符合个人创作意图的作品。示例如下。

　　请帮我构思一个以"都市职场"为背景的小说大纲，要求小说风格写实、语言幽默。主要人物须具备鲜明的性格特征，如聪明果敢的职场新人、经验丰富且心怀梦想的老员工等。故事情节需围绕职场竞争、团队合作等主题展开，同时穿插个人情感与成长的元素。希望小说能够深刻反映都市职场人士的生活状态与精神追求。

2.2.3　实战：日记记录

日记记录是一种高度个人化的文字创作方式，用于记录日常生活中发生的事件、感受、思考等。定期写日记有助于个人情绪管理、自我反思和个人成长。通过Kimi的帮助，日记记录可以变得更加丰富、有深度。

场景

顾阳今天参加了学校的志愿者活动，帮助社区的孤寡老人打扫房间、购买生活用品，还和他们聊天，听他们讲述过去的故事。顾阳觉得这一天非常有意义，想写一篇日记记录下来。

提示词

Kimi，请根据以下经历撰写一篇日记：今天参加了学校组织的志愿者活动，去社区帮助孤寡老人。请详细描述活动过程，包括与老人的互动（如老人讲述的故事内容、自己的感受等）、自己的内心想法（如对志愿服务的理解、对老人生活的感触等），字数在500字左右，语言要真诚、朴实。

回答

2024年11月24日　星期日　晴

今天，我参加了学校组织的志愿者活动，我们一行人去了社区，目的是帮助那些孤寡老人。这是我第一次参与这样的活动，心中既有些紧张，又充满了期待。

早上8点，我们在学校门口集合，然后乘坐公交车前往社区。到达后，社区的工作人员给我们分配了任务，我和另外两个同学被分配到了张奶奶家。

……

今天的活动让我深刻体会到，每个人都会老去，而在他们需要帮助的时候，我们的一点点关心和陪伴，就能给他们带来温暖。我想，我会继续参与这样的活动，不仅为了帮助他人，也为了让自己的心灵得到成长和净化。志愿服务，是一种责任，更是一种幸福。

通过上述提示词，Kimi能够生成一篇反映当天的经历和内心感受的日记。Kimi生成的日记内容只能作为参考，我们还需要将自己的真情实感融入其中。

提示词进阶

构建提示词时，应明确日记的主题（如感恩、成长等），并提供更多关于当天经历中的细节信息或引导思考的问题，示例如下。

请以"感恩之旅"为主题，记录今天参加志愿者活动、帮助孤寡老人的日记。描述老人家中的环境、老人讲述故事中最让人感动的部分，思考自己从这次经历中学到了什么，以及如何将感恩之心运用到日常生活中，字数600字左右，语言要真挚、富有感染力。

2.2.4　实战：故事创作

故事创作是文字创作的一种形式，通过设计情节、塑造人物、设定背景等方式，讲述一个引人入胜的故事。一个好的故事不仅能带给读者愉悦的阅读体验，还能引发读者深层次的思考。

场景

赵雷是一名小学老师，他计划在课堂上给孩子们讲述一个寓教于乐的故事，以引导他们学会诚实与勇敢。然而，他在构思故事情节时遇到了瓶颈，难以构建一个既有趣又富有教育意义的故事框架。

提示词

请帮我构思一个关于"诚实与勇敢"的故事框架。要求：①设定一个贴近孩子生活的故事背景，如学校、家庭或社区；②塑造几个性格鲜明、可爱的主要角色，至少包括一个需要面对诚实与勇敢考验的角色；③设计一系列紧凑、有趣的故事情节，展现角色在诚实与勇敢方面的成长与变化；④确保故事结尾富有启发性，能够引导孩子们思考并学会诚实与勇敢。

回答

故事名称：《勇气之心》

一、故事背景

- 地点：阳光小学，一个充满活力和友爱的学校。
- 环境：学校里有各种各样的学生，每个孩子都有自己的特点和故事。

……

四、启发性结尾

- 故事以小明的内心独白结束，他意识到诚实和勇敢不仅仅是为了避免惩罚，更是为了自己的成长和内心的平静。
- 老师在最后总结说："每个人的心中都有勇气之心，只要我们愿意倾听它的声音，就能成为更好的自己。"

通过上述提示词，Kimi构思了一个既有趣又富有教育意义的故事框架。该故事框架不仅贴近孩子的生活，还通过生动的情节与角色塑造，成功地传递了诚实与勇敢的重要性。

提示词进阶

在构建提示词时，可以进一步细化故事的主题、角色设定与情节走向，以获得更加独特且引人入胜的故事。示例如下。

请帮我构思一个以"奇幻森林中的诚实与勇敢之旅"为主题的故事框架。要求故事背景设定在一个充满魔法与奇幻生物的森林中，主要角色为一位诚实但胆小的小精灵和一位勇敢但偶尔撒谎的小勇士。故事情节需围绕他们如何携手面对森林中的挑战，学会诚实与勇敢，最终拯救森林的危机展开。要求故事充满想象力与趣味性，让孩子们在阅读的过程中感受到诚实与勇敢的力量。

2.2.5 实战：新闻稿生成

新闻稿是报道新闻事件、传达信息的重要工具。新闻稿生成是媒体、企业和政府机构常见的需求。一份高质量的新闻稿需要具备时效性、准确性、客观性和吸引力，使用Kimi可以实现这些要求。

场景

某市举办了一场盛大的国际马拉松比赛，来自世界各地的选手齐聚一堂，比赛吸引了数万名观众在现场观看，同时也受到了众多媒体的关注。当地一家媒体的记者负责撰写关于此次马拉松比赛的新闻稿。

提示词

请根据以下场景撰写一篇新闻稿：某市于2024年12月1日举办了国际马拉松比赛，有数千名来自不同国家和地区的选手参赛，比赛路线经过城市的多个标志性景点，现场观众达数万人，赛事组织有序，选手们在比赛中展现出了顽强的拼搏精神，最终多位选手取得了优异成绩，赛事也对城市的体育文化发展产生了积极影响。新闻稿须包含标题、导语、主体、结尾等部分，语言要客观、正式，突出赛事的亮点。

回答

标题：2024年国际马拉松赛事在某市圆满落幕，展现城市体育文化新风采

导语：某市，2024年12月1日——在数千名国内外选手和数万观众的共同见证下，某市国际马拉松比赛圆满结束。这场赛事不仅展现了选手们的竞技风采，也彰显了某市作为体育文化中心的活力与魅力。

……

某市国际马拉松赛事的成功举办，不仅为城市带来了国际的关注，也为城市的体育文化发展注入了新的活力。赛事的圆满落幕，标志着某市在国际体育舞台上的地位进一步提升，同时也为城市未来的体育文化活动奠定了坚实的基础。我们期待，未来某市能够举办更多类似的国际赛事，继续推动体育文化的发展，激发市民的运动热情，共同创造更加健康、积极的城市生活。

通过上述提示词，Kimi能够生成一篇报道此次马拉松比赛的新闻稿。新闻稿撰写要遵循新闻报道的基本原则，确保信息准确无误。因此，建议对生成的内容进行核实和优化，使其符合新闻报道的规范和要求，有效地向受众传递新闻信息。

提示词进阶

构建提示词时，应提供更多关于赛事的细节信息，如冠军选手的背景资料、比赛中的特殊事件或感人瞬间，明确新闻稿的受众群体和报道重点，示例如下。

请为2024年12月1日举办的国际马拉松比赛撰写新闻稿，受众群体为体育爱好者。此次比赛中，来自××的选手打破了比赛纪录，他是一位多次获得国际马拉松赛事冠军的专业运动员，有着励志的成长故事。比赛过程中，一位残疾选手坚持跑完了全程，赢得了观众的掌声。请详细介绍赛事的组织筹备工作，突出赛事在推动全民健身和城市形象提升方面的作用。要求语言专业、生动，吸引体育爱好者关注。

2.2.6 实战：文章标题生成

文章标题是吸引读者眼球、激发读者阅读兴趣的关键。Kimi能够根据文章内容、主题和受众特点，生成新颖、独特且富有吸引力的文章标题，提升文章的传播效果和影响力。

场景

张伟是一名自媒体人，他需要为即将发布的一篇关于职场发展的文章写一个合适的标题。然而，面对繁多的信息和竞争激烈的自媒体环境，他难以写出一个既能够准确反映文章主题又能够吸引读者眼球的标题。

提示词

Kimi，请根据下方的原文内容，帮我生成一个关于职场发展的文章标题。要求：①标题要突出文章的主题和核心观点，如职业规划、晋升路径、技能提升等；②采用新颖、独特的表达方式，增加标题的吸引力和趣味性；③考虑目标受众的特点和阅读习惯，确保标题的针对性和适用性。

原文：（略）。

回答 标题建议：《职场新纪元：跨界、失败、品牌与学习的四重奏》

这个标题突出了文章的主题和核心观点，即职场发展是一个多维度的过程，涉及跨界发展、从失败中汲取经验、打造个人品牌和坚持终身学习。同时，它采用了"四重奏"这一音乐术语，新颖且具有吸引力，增加了标题的趣味性。此外，"职场新纪元"暗示了职场发展的新时代，符合目标受众追求新知和适应变化的特点，确保了标题的针对性和适用性。

通过上述提示词，Kimi生成了一个符合期望的文章标题。该标题不仅准确反映了文章的主题和核心观点，还通过新颖、独特的表达方式成功吸引了读者的眼球，为文章的传播和推广提供了有力支持。

提示词进阶

在构建提示词时，可以进一步细化文章标题的风格要求、关键词要求以及目标受众特点等信息，以获得更加符合期望的标题。示例如下。

请帮我生成一个关于职业规划的文章标题，要求突出文章中的深度分析和实用性建议。标题中需包含"职业规划""未来发展"等关键词，并采用正式、专业的语言风格。同时，考虑目标受众为职场新人及中层管理者，请确保标题的针对性和适用性。

2.3 公文写作

公文写作是职场中不可或缺的一项技能，它要求语言严谨、格式规范，且能够准确传达信息。下面将通过7个实战案例，来展示如何在公文写作中运用Kimi。

2.3.1 实战：请假条撰写

请假条是员工因个人原因向公司申请休假的书面文件。一份规范、正式的请假条能够确保请假流程的顺利进行。

场景 贾俊因为家中有急事需要请假3天。他需要写一份请假条，提交给部门主管审批。

提示词

请撰写一份请假条，请假原因为家中有急事需要处理，请假时长为3天，请假时间为2024年11月25日至27日，向主管请假，语言要正式、礼貌，表达希望得到批准的意愿。

回答

请假条

尊敬的主管：

您好！

我是[您的姓名]，此刻怀着十分焦急的心情向您请假。家中突发急事，情况紧急且复杂，需要我亲自回去处理，这让我不得不暂时放下手头的工作。

我计划请假3天，从2024年11月25日至2024年11月27日。在此期间，我会尽我所能提前安排好自己手头的工作，确保我的请假不会对团队的工作进度造成较大的影响。希望得到您的批准。

请假人：[您的姓名]

2024年11月[具体日期]

通过上述提示词，Kimi能够根据用户提供的信息，生成一份符合职场规范的请假条。用户可以在此基础上进一步调整和完善，以确保请假条的正式性和准确性。

提示词进阶

在构建提示词时，应明确请假的具体原因和工作交接细节，示例如下。

请帮我撰写一份请假条，请假条需要包含以下内容：①我因急性胃肠炎需要从2025年2月17日至2025年2月20日请病假；②在我请假期间，我的工作将由同事王刚接手，他已经了解所有正在进行的项目和紧急任务；③我将在病假结束后的第一个工作日返回岗位，并及时跟进所有工作进度。请确保请假条语言正式、礼貌，并且能够体现我对工作的负责态度。

2.3.2 实战：年度工作总结报告撰写

年度工作总结报告是对过去一年工作的全面梳理和回顾，通过总结成绩、分析问题、规划未来，为单位或个人的发展提供重要参考依据。

场景

钱凤是某部门的负责人，他需要向公司高层提交一份详细的年度工作总结报告，涵盖部门年度业绩亮点、团队建设情况、工作中存在的问题以及下一年度的工作计划。

请撰写一份年度工作总结报告，须包含部门年度业绩亮点（如完成的重要项目、取得的关键成果、业绩指标完成情况等）、团队建设情况（如人员培训、团队协作提升、员工满意度等方面的工作和成果等）、工作中存在的问题（如业务流程问题、资源配置问题等）、下一年度的工作计划（包括工作目标、主要工作举措、预期成果等），语言要正式、严谨、条理清晰。

提示词

回答

年度工作总结报告

尊敬的领导及同事们：

随着2024年的圆满结束，我们部门在这一年中取得了显著的成绩，同时也面临了一些挑战。以下是本部门年度工作总结报告，旨在回顾过去一年的工作，总结经验教训，并为来年的工作规划提供参考。

……

总结过去，展望未来，我们部门将继续秉承"创新、协作、效率"的工作理念，不断提升团队能力，优化业务流程，以期在新的一年中取得更加优异的成绩。

此致

敬礼！

[部门名称]

[日期]

通过上述提示词，Kimi能够生成一份年度工作总结报告。年度工作总结报告的撰写要做到全面、深入、客观。Kimi生成的报告可作为基础，我们需对实际工作情况进行详细阐述和分析，进一步完善报告内容。

提示词进阶

在构建提示词时，应明确报告的详细数据和未来规划，示例如下。

请帮我撰写一份年度工作总结报告，总结我们部门在2024年的工作情况。报告需要包含以下内容：①我们部门在2024年完成的主要项目和达成的关键业绩指标，如销售额增长10%，客户满意率提升至90%；②存在的问题（如团队协作效率不高）以及相应的改进措施（如引入新的项目管理工具和团队建设活动）；③下一年度的工作计划，包括预计达成的销售目标和市场拓展计划。请确保报告语言正式、客观，并且能够突出我们部门的成绩和未来的发展方向。

2.3.3 实战：项目立项报告撰写

项目立项报告是启动新项目前的重要文档，它详细阐述项目的背景、目标、预期成果和实施方案，为项目的批准和实施提供依据。

场景　　李晨是一名项目经理，公司计划启动一个新的软件开发项目。为了获得管理层的批准和支持，他需要撰写一份项目立项报告，详细说明项目的背景、目标、实施方案等内容。

提示词　　请帮我撰写一份项目立项报告。报告需要包含以下内容：①项目的背景和市场需求分析；②项目的目标和预期成果；③项目的实施方案，包括技术路线、预算和时间规划；④项目的风险评估和应对措施。请确保报告语言专业、逻辑清晰，能够突出项目的可行性和重要性。

回答

项目立项报告

一、项目背景和市场需求分析

背景：随着[行业名称]的快速发展，[具体技术/产品]已成为推动行业进步的关键因素。当前，[行业/市场]正面临[具体问题]，这不仅影响了[行业/市场]的效率，也限制了创新的可能性。为了解决这一问题，[项目名称]应运而生，旨在通过[具体技术/方法]来实现[具体目标]。

......

结论：本项目在市场需求明确、技术路线可行、预算合理、时间规划明确的基础上，具有较高的可行性和重要性。通过本项目的实施，我们有望在[行业/市场]中取得领先地位，为公司的长远发展奠定坚实基础。

[项目负责人签名]

[日期]

通过上述提示词，Kimi能够根据用户提供的项目信息，生成一份对应的项目立项报告。用户可以在此基础上进一步细化和完善，以确保报告的准确性和说服力。

提示词进阶

在构建提示词时，应明确项目的详细需求和技术细节，示例如下。

请帮我撰写一份项目立项报告，项目为我们公司即将实施的"智能物流系统"项目。报告需要包含以下内容：①项目的市场背景，包括行业趋势和竞争对手分析；②项目的目标，旨在通过自动化和数据分析提高物流效率；③项目的实施方案，包括技术选型、预算分配和详细的时间规划；④项目的风险评估，包括技术风险、市场风险和应对策略。请确保报告语言专业、逻辑清晰，能够全面展现项目的潜在价值和实施计划。

2.3.4 实战：内部培训计划书撰写

内部培训计划书是企业提升员工素质、促进团队发展的重要工具，它明确培训的目的、内容、方式、时间安排等关键要素，确保培训活动有序、高效开展，满足企业和员工的发展需求。

场景

王进是公司的HR专员，为了提升员工的专业技能和团队协作能力，公司决定组织一次内部培训。他需要撰写一份内部培训计划书，详细说明培训的目的、内容、安排等信息。

提示词

请帮我撰写一份内部培训计划书。计划书应包括：①培训背景和目的；②培训对象；③培训内容和课程安排；④培训师资和资源；⑤培训时间和地点；⑥培训考核和评估方法。请确保内容翔实、逻辑清晰、语言专业。

回答

内部培训计划书

一、培训背景和目的

背景：随着公司业务的不断扩展和市场竞争的加剧，提升员工的专业技能和综合素质已成为公司持续发展的关键。为此，我们计划开展一系列内部培训，以确保员工能够适应新的工作要求，提高工作效率和团队协作能力。

......

结语：通过本次内部培训计划的实施，我们期望能够全面提升员工的综合素质和工作效率，为公司的长远发展打下坚实的基础。我们相信，通过持续地学习和成长，我们的团队将更加强大，能够更好地应对未来的挑战。

[培训负责人签名]

[日期]

通过上述提示词，Kimi能够根据用户提供的培训需求，生成一份系统的内部培训计划书。用户可以在此基础上进一步调整和优化，以确保计划书的实用性和有效性。

提示词进阶

在构建提示词时，可以提供更具体的培训内容和考核标准，使计划书更加详细和有可操作性。示例如下。

请帮我撰写一份内部培训计划书。培训背景：随着公司业务的快速发展，员工的专业技能和团队协作能力亟待提升。培训目的：通过系统培训，提升员工的专业技能和团队协作能力，为公司的持续发展提供人才支持。培训对象：公司全体员工，共计100人。培内容和课程安排：培训内容包括专业技能培训、团队协作训练、领导力提升等，共分为6个模块，每个模块2小时。培训师资和资源：邀请外部专家和内部资深员工担任讲师，提供必要的培训资料和设备。培训时间和地点：培训时间为2024年12月20日至22日，地点为公司培训室。培训考核和评估方法：培训结束后，通过笔试和实际操作考核员工的学习成果，评估培训效果。请确保内容翔实、逻辑清晰、语言专业。

2.3.5　实战：员工培训通知撰写

员工培训通知是公司内部沟通的重要工具，用于告知员工即将进行的培训活动的相关信息。一则清晰、准确的培训通知能够确保信息的有效传递，提高培训活动的参与度和效果。

场景　某公司人力资源部计划组织一次销售技巧提升培训，培训对象为全体销售人员，需要发布一则关于即将举行的培训的通知。

提示词　请撰写一则员工培训通知，包括培训主题（销售技巧提升）、培训目的（提高销售人员的销售技巧，增强销售能力，提升销售业绩等）、培训时间（2024年11月10日—11月12日，每天上午9点—下午5点）、培训地点（公司会议室）、培训讲师（外聘销售培训专家，简单介绍其专业背景和丰富经验）、培训要求（提前10分钟到达，自带笔记本和笔）、报名方式（邮件回复姓名和工号至指定邮箱），语言要正式、礼貌，信息准确无误。

回答

员工培训通知

尊敬的同事们：

为了进一步提升我公司销售人员的专业技能，增强销售团队的整体实力，公司决定举办一次主题为"销售技巧提升"的员工培训。以下是培训的详细安排。

……

我们期待您的积极参与，相信通过本次培训，您将获得宝贵的知识和技能，为个人职业发展和公司业绩增长做出更大的贡献。

感谢您的关注和配合。

此致

敬礼！

[公司名称]人力资源部

[发布日期]

通过上述提示词，Kimi能够生成一则员工培训通知。员工培训通知的撰写要做到简洁明了、重点突出、格式规范。我们要仔细核对Kimi生成的通知，确保培训时间、地点等关键信息的准确性。

提示词进阶

在构建提示词时，应提供更多关于培训的详细信息（如课程大纲、培训方式等），明确培训的考核方式和奖励措施，示例如下。

请撰写一则关于团队建设培训的通知，培训时间为2024年12月21日—12月23日（每天上午10点一下午6点，含午休1.5小时），地点在公司培训中心。培训讲师为知名团队建设专家（列举其在相关领域的成就）。培训要求学员全程参与，不得无故缺席（说明缺席的处理方式）。培训内容包括团队沟通技巧、协作能力提升、领导力培养等课程（附上课程大纲），培训方式包括互动式教学、户外拓展活动等。考核方式为小组项目成果评估和个人表现评价，表现优秀者将获得团队建设基金或额外休假奖励，报名需填写详细个人信息（包括团队归属、个人特长等）至指定的在线表格。要求语言正式、严谨、注重细节。

2.3.6　实战：工作交接文档撰写

工作交接文档在员工岗位变动或离职时发挥着至关重要的作用，它能够系统、全面地记录工作内容、流程、资源等信息，确保工作的连续性，避免因人员变动而导致的工作延误或失误，同时也为接手人员提供清晰的工作指引，使其能够迅速适应岗位，开展工作。

场景

韩冰在公司的市场部工作，负责公司社交媒体账号的运营。他即将离职，需要向接手的李妙交接工作，包括正在进行的工作任务、账号相关信息、运营策略、合作资源、未完成的工作任务等。

提示词

请撰写一份工作交接文档，内容涵盖正在进行的工作任务（如当前正在策划的社交媒体活动、活动的目标、进展情况等）、账号相关信息（如社交媒体账号的名称、账号密码、登录方式、粉丝数量和分布等）、运营策略（如内容发布计划、互动策略、推广方式等）、合作资源（如合作的网红、KOL名单等）、未完成的工作任务（如与供应商洽谈的合作项目、项目的进展和下一步计划等），语言要清晰、详细。

K
回答

工作交接文档

一、正在进行的工作任务

1.当前正在策划的社交媒体活动

（1）活动名称：[活动名称]。

（2）活动目标：[例如，提升品牌知名度、增加用户参与度、提高产品销量等]。

（3）目标受众：[详细描述目标受众的特征，如年龄、性别、兴趣等]。

……

请在交接过程中仔细核对上述信息，并在交接完成后由交接人和接收人双方签字确认。如有任何疑问或需要进一步的信息，请随时联系。

[公司名称]

[部门名称]

[文档创建日期]

通过上述提示词，Kimi能够根据用户提供的工作信息，生成一份详尽的工作交接文档。

提示词进阶

在构建提示词时，提供更具体的工作细节和后续工作指导，示例如下。

请帮我撰写一份工作交接文档，内容涵盖我负责的"市场推广项目"。文档需要包含以下内容：①项目的基本信息，包括目标市场和预期成果；②当前项目的进度，包括已完成的任务和正在进行的任务；③关键任务和责任分配，特别是与广告代理商的沟通和预算控制；④项目的风险和挑战，如竞争对手的市场活动和预算限制；⑤后续的工作计划，包括即将到来的产品发布会和预期的市场反应。请确保文档语言专业、详细，能够为接手的同事提供清晰的工作指导和项目背景。

2.3.7　实战：商务邀请函撰写

商务邀请函是企业间正式沟通的重要桥梁，它不仅传达了活动信息，还体现了公司的专业性和对合作伙伴的尊重。

场景

陈晨是一家公司的市场部负责人，他需要邀请潜在的合作伙伴参加即将举行的商务会议。邀请函需要包含会议的目的、议程、时间和地点等内容，并表达对合作伙伴参加会议的期待。

提示词

请帮我撰写一封商务邀请函。邀请函需要包含以下内容：①会议的主题和目的；②会议的具体时间和地点；③会议的主要议程和预期成果；④表达对合作伙伴参加会议的热切期望和感谢。请确保邀请函语言正式、礼貌，能够体现公司的专业形象。

回答

商务邀请函

尊敬的[合作伙伴公司名称]：

您好！

主题和目的：

我代表[您的公司名称]诚挚地邀请您参加我们即将举行的商务会议。本次会议的主题为"[会议主题]"，旨在探讨[行业/领域]的最新发展趋势，分享最佳实践，并寻求合作机会以实现双方的共同发展和市场扩张。

……

请您在收到此邀请函后，于[回复截止日期]前通过[回复方式，如电话、电子邮件等]确认您的参会意向。如有任何特殊需求或疑问，请随时与我们联系。

再次感谢您对本次会议的关注，我们期待在会议中与您相见。

此致

敬礼！

[您的姓名]

[您的职位]

[您的公司名称]

[联系电话]

[电子邮箱地址]

[日期]

通过上述提示词，Kimi根据用户提供的会议信息，生成一封专业的商务邀请函。用户可以在此基础上进一步调整和完善，以提升邀请函的准确性和吸引力。

提示词进阶

在构建提示词时，应明确会议的具体细节和对合作伙伴参加的期望，示例如下。

请帮我撰写一封商务邀请函，邀请公司的合作伙伴参加"2024年战略合作伙伴峰会"。邀请函需要包含以下内容：①峰会的主题为"共创未来"，目的是探讨未来的合作机会和市场趋势；②峰会将于2024年12月10日在国际会议中心举行；③主要议程包括市场分析、合作项目介绍和网络交流环节；④表达我们对合作伙伴参加的热切期望，并对他们长期以来的支持表示感谢。请确保邀请函语言正式、礼貌，能够突出公司的合作诚意和峰会的重要性。

2.4　教学设计与总结

教学设计与总结是教学过程中的关键环节，确保了教学活动的目标性和系统性。本节将探讨如何利用Kimi辅助教学设计与总结，提高教学效率和质量。

2.4.1　实战：制定教学目标与大纲

教学目标与大纲是教学活动的核心指引，明确了教学的方向、内容和期望达成的学习成果等。Kimi能够依据课程主题、学生特点和教学要求，科学、合理地制定教学目标与大纲，确保教学活动具有针对性、系统性和有效性，为高质量教学奠定坚实基础。

场景

张老师是一名初中数学教师，他要教授"一元二次方程"这一章。学生们已经掌握了一元一次方程的基本知识，具备一定的代数运算能力，但在数学思维的拓展和应用方面还有待提高。

提示词

请根据以下场景制定"一元二次方程"这一章的教学目标与大纲。教学对象为初中学生，他们已学过一元一次方程，具有一定运算基础。教学内容为一元二次方程的概念、解法（配方法、公式法、因式分解法）、根的判别式、根与系数的关系以及一元二次方程在实际问题中的应用。教学目标需涵盖知识与技能、过程与方法、情感态度与价值观3个维度，大纲要详细列出每个教学环节的主要内容、教学方法和教学时间安排，语言要清晰、准确，符合教学规范。

回答

教学目标

一、知识与技能

1.学生能够理解一元二次方程的概念和一般形式。

2.学生能够掌握一元二次方程的3种解法：配方法、公式法、因式分解法。

3.学生能够理解根的判别式，并能够用它来判断方程根的情况。

……

五、教学时间

1.复习：15分钟。

2.练习：20分钟。

3.测试：15分钟。

4.总结：5分钟。

以上教学大纲根据初中学生的认知水平和学习特点设计，旨在帮助学生系统掌握一元二次方程的相关知识，并能够灵活运用于实际问题中。

通过上述提示词，Kimi 能够生成相应的教学目标与大纲。在实际使用时，要紧密结合学生的既有知识水平和课程内容特点进行适当调整。

提示词进阶

在构建提示词时，应提供更多关于学生学习风格和兴趣爱好的信息，明确教学中的重点、难点突破策略，示例如下。

请为高中物理"静电场及其应用"这一章制定教学目标与大纲，教学对象为高二学生，他们对物理实验感兴趣，但抽象思维能力有待加强。教学内容包括电场的基本概念（如电场强度、电场线）、电势与电势能，以及电场力做功与电势能变化的关系等。在教学目标中，注重培养学生通过实验研究、理解抽象概念的能力，激发学生对物理学科的热爱。在大纲中详细说明如何利用模拟实验软件讲解电场概念这一难点，明确教学的重点（如电场强度和电场线的理解）和难点（如电场力做功与电势能变化的关系）。每个教学环节的教学方法要多样化（如讲授法、讨论法、实验研究法等），并合理安排教学时间。要求语言专业、翔实。

2.4.2 实战：制作教学 PPT 课件大纲

教学 PPT 课件是现代教学中常用的辅助工具，它以直观、生动的形式呈现教学内容，有助于提升教学效果，吸引学生注意力，促进学生对知识的理解和掌握。

场景

王老师是一名初中历史教师，他需要为即将到来的历史课制作 PPT 课件，以提高学生的学习兴趣和参与度。

提示词

请制作以"古代文明的交流与传播"为主题的教学 PPT 课件大纲。课件内容要涵盖古代丝绸之路的路线、重要节点城市、贸易商品；佛教传播的起源、传播路线、对中国文化的影响；古代文明交流的其他方式（如战争、移民等带来的文化传播，举例说明）；古代文明交流的意义和影响（从经济、文化、社会等方面分析）。

K
回答

教学PPT课件大纲：古代文明的交流与传播

封面页

- 标题：古代文明的交流与传播。
- 副标题：探索丝绸之路与佛教传播。
- 图片：古代丝绸之路地图或佛教艺术作品。
- 风格：古典、简洁。

……

设计提示

- 统一使用古典风格的字体，如宋体或隶书。
- 每页PPT的标题要醒目，可以使用不同的颜色或加粗。
- 图片要高清，与内容相关，可以适当使用动画效果，如淡入、淡出。
- 适当使用图表和时间线，帮助学生更好地理解历史进程。
- 保持页面布局的一致性，使整个课件看起来协调。

通过上述提示词，Kimi能够根据用户提供的课程主题，生成一份有吸引力的教学PPT课件大纲。另外，如果希望使用Kimi一键生成PPT课件，可以使用Kimi+中的PPT助手，该功能在第6章中会具体介绍。

提示词进阶

在构建提示词时，应明确课程的具体内容和教学方法，示例如下。

请帮我制作关于"古埃及文明"的历史课PPT课件大纲，课件大纲需要包含以下内容：①古埃及的地理位置、社会结构和宗教信仰；②金字塔、法老和象形文字等关键历史元素的图片和解释；③课堂互动环节，包括关于古埃及日常生活的小测验和古埃及文明影响的小组讨论。请确保课件大纲内容丰富、互动性强，能够激发学生对历史的兴趣和探索欲望。

2.4.3　实战：设计互动式教学活动

互动式教学活动能够提高学生的学习兴趣和参与度，促进学生对知识的吸收和理解。通过设计多样化的互动环节，教师可以更好地激发学生的主动性和创造性。

场景

吴老师正在为学生准备一堂关于"环境保护"的科学课，他希望通过互动式教学活动来提高学生的参与度和对环保知识的深入理解。吴老师决定设计一个结合线上与线下的互动环节，让学生能够在实践中意识到环境保护的重要性。

提示词　　请帮我设计一个关于"环境保护"的互动式教学活动方案。活动需包含线上和线下两部分，线上部分要求利用网络平台进行知识竞答或小组讨论，线下部分则设计一次实地考察或环保小项目。活动目标应明确，步骤清晰，能够激发学生的兴趣并促进他们对环保知识的理解和应用。同时，请提供活动所需材料清单和评估学生表现的标准。

回答

活动名称："绿色行动：环境保护互动式教学活动"

活动目标

1. 提高学生对环境保护重要性的认识。

2. 增强学生的环保意识和实践能力。

3. 培养学生的团队合作精神和解决问题的能力。

活动步骤

……

活动总结

1. 活动结束后，组织一次线上反馈会议，让学生分享他们的学习体会和收获。

2. 老师根据评估标准给出每个学生的最终成绩，并提供反馈和建议。

通过这个活动，学生不仅能够学习环保知识，还能够将理论知识应用到实际中，增强他们的环保实践能力。同时，线上和线下相结合的方式也能够提高学生的参与度和兴趣。

通过上述提示词，Kimi 能够帮助用户生成一个结构清晰、内容有趣的互动式教学活动方案。这不仅能够提高学生的学习兴趣和参与度，还能够帮助他们更好地理解课程内容，提升教学效果。

提示词进阶

在构建提示词时，应明确活动的具体类型和目标，示例如下。

请帮我设计一个关于"力和运动"的互动式教学活动，活动旨在让学生通过实验理解牛顿运动定律。活动需要包含以下内容：①活动的目标，让学生通过实验和讨论掌握力和运动的关系；②活动的具体步骤，包括分组进行小车推动实验和记录数据；③所需材料，如小车、斜面、测力计等；④活动的评估方法，通过实验报告和小组展示来评估学生的理解和应用能力。请确保活动既有趣又具有教育意义，能够提高学生的实践操作能力和团队合作精神。

2.4.4　实战：撰写教学工作总结

教学工作总结是对一个教学周期内的教学活动进行全面回顾和总结的重要文件。一份高质量的教学工作总结能够帮助教师反思教学过程中的不足，为今后的教学改进提供参考。

场景

李老师刚刚完成了本学期的《数学分析》课程教学工作，他需要撰写一份教学工作总结，回顾教学过程中的收获，分析学生的学习情况，并为下一学期的教学提供改进方向。

提示词

请帮我撰写一份《数学分析》课程的教学工作总结。总结需包括以下几个部分：①教学回顾，概述本学期的教学计划、教学内容及教学方法；②学生学习情况分析，总结学生的学习成绩、学习态度及存在的问题；③教学效果评估，分析本学期的教学成果及存在的不足；④教学经验与反思，总结在教学过程中积累的经验及感悟；⑤未来教学改进方向，提出针对存在问题的改进措施和下一学期的教学计划。要求总结内容全面、客观，语言简洁明了。

回答

《数学分析》课程教学工作总结

一、教学回顾

本学期《数学分析》课程的教学计划围绕培养学生的数学思维和分析能力展开。教学内容涵盖了实数理论、极限、连续性、导数与微分、积分等核心概念。在教学方法上，我采用了讲授与互动相结合的方式，通过案例分析、小组讨论和数学软件辅助教学等多种手段，旨在提高学生的参与度和理解程度。

……

通过不断进行教学实践和反思，我相信能够进一步提高《数学分析》课程的教学质量，帮助学生更好地掌握"数学分析"课程的精髓，为他们未来的学术和职业生涯打下坚实的基础。

通过上述提示词，Kimi 根据用户提供的教学信息，生成了一份全面的教学工作总结。用户可以在此基础上进一步深化和总结，以确保教学的持续改进。

提示词进阶

在构建提示词时，应明确评价的具体标准和改进的具体方向，示例如下。

请帮我撰写一份本学期"化学"课程的教学工作总结，总结需要包含以下内容：①本学期的主要教学活动（如实验课和理论课）以及对应的教学目标；②学生的学习情况，包括平均成绩、参与度和理解深度；③教学方法的有效性分析，如分组讨论和翻转课堂对学生学习的影响；④存在的问题，如部分学生对复杂概念的理解困难，以及改进措施和提供更多的实践机会。请确保总结客观、全面，能够为未来的教学提供明确的改进方向和策略。

第3章　**职场提效：Kimi助力工作效率翻倍**

　　在职场竞争日益激烈的今天，如何提高工作效率成为每个人必须面对的问题。Kimi以其强大的功能，逐渐成为职场人士提升工作效率的利器。从文本处理与提取、回复与互动管理到沟通协作优化，再到营销文案创作、商业分析等，Kimi不仅能够帮助职场人士快速完成日常任务，还能够提供创新思路和解决方案，助力职场人士在激烈的职场竞争中脱颖而出。

3.1 文本处理与提取

在日常工作中，我们经常需要处理各种格式的文本文件，并从中提取关键信息。使用Kimi进行文本处理与提取，可以大大提高工作效率。

3.1.1 实战：一键转换文本格式

文本格式转换是日常工作中的常见需求，例如将文本的格式转换为Markdown格式，通过Kimi可以轻松实现多种文本格式之间的转换。

场景

> 孙鹏是一名内容创作者，他从多个公开的旅游论坛和博客中收集了关于旅游攻略的素材，这些素材包含各种格式的文本，如纯文本、带有格式标记的文本等。为了更好地分享旅游经验，他希望将这些素材整理并写一篇旅游攻略文章，同时将素材统一转换为Markdown格式，以便在自己的博客平台上发布，同时使文章排版更加美观、易于阅读。

提示词

> 请将以下关于旅游攻略的混合格式文本转换为Markdown格式文本，需保留文本中的标题层级（通过#数量区分）、段落格式、列表格式（若有列表）以及文本中的链接（若存在）。
>
> 原文：（略）。

回答

> #泰国普吉岛旅游攻略
>
> 普吉岛，这是一个充满热带风情的度假胜地。
>
> 首先，这里有迷人的海滩。其中，卡伦海滩以其细腻的白沙和清澈的海水吸引着无数游客[链接：[卡伦海滩](https://www.******.com/*****)]。
>
> 其次，普吉镇的古老建筑别具一格，色彩斑斓的葡式和中式建筑见证了历史的交融。
>
> ## 美食推荐
> －泰式炒河粉
> ……

用Kimi一键转换文本格式大幅提高了内容创作者的工作效率，使他们能够更快速地准备和发布内容。

　　在构建提示词时，可以明确指定支持的 Markdown 语法和输出要求，以确保转换功能的兼容性和易用性。示例如下。

　　请帮我转换文本的格式为 Markdown 格式，转换过程中，请确保支持以下 Markdown 基本语法：标题（#、##、###）、无序列表（-、*）、有序列表（1.）、链接（链接文本）和图片（图片 URL）等。

　　输入文本：（略）。

3.1.2　实战：文本转换为表格

　　在处理各类数据信息时，仅通过文本的方式有时难以满足快速分析和比较的需求。若将文本转换为表格，可以使数据更加结构化、直观，便于发现数据之间的规律和关系。

场景　　张宇是一名财务人员，工作中他常常需要将大量的财务数据从文本格式转换为表格格式，以便进行数据分析和报表制作。但他发现手动输入数据不仅效率低下，而且容易出错。

提示词　　请将下方的产品销售数据转换为表格格式。

产品 A，150，3000 元

产品 B，200，4500 元

产品 C，120，2400 元

回答　　以下是将您提供的产品销售数据转换为表格格式的结果：

产品名称	销售数量	单价/元
产品 A	150	3000
产品 B	200	4500
产品 C	120	2400

　　通过上述提示词，我们可以轻松地将文本转换成表格，极大地提高了数据的处理效率和可读性。

提示词进阶

在构建提示词时应进一步明确期望的表格结构，示例如下。

请帮我将以下文本内容转换为Excel表格，具体要求如下。

- 列标题分别为：姓名、职务、部门、学历、专业、居住地址、联系方式、邮箱地址。
- 如果信息中有电话号码，则在联系方式列只填写电话号码；如果没有电话号码但有邮箱地址，则在联系方式列只填写邮箱地址。若两者皆无，联系方式列留白。
- 确保每一行数据对应正确的列。

3.1.3　实战：图片中文字的提取

在很多情况下，我们需要从图片中提取文字，例如处理扫描文档、从图片形式的资料中获取内容等。借助Kimi，可以高效地完成图片中文字的提取。

场景　周蒙蒙有3张包含市场研究报告的图片文件，需要提取其中的文字内容。

提示词　请帮我提取图片中的文字。（将要提取的图片按顺序拖曳至输入框中，输入提示词并发送，如下图所示。）

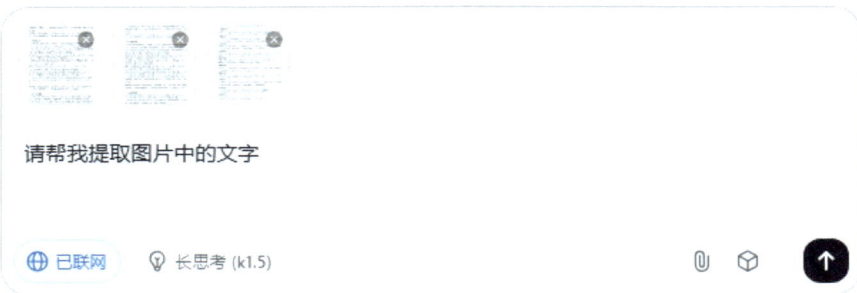

请帮我提取图片中的文字

🌐 已联网　　💡 长思考 (k1.5)

回答　Kimi自动提取图片中的文字，单击【复制】按钮，即可将提取的文本内容复制到剪贴板中，如下页图所示。

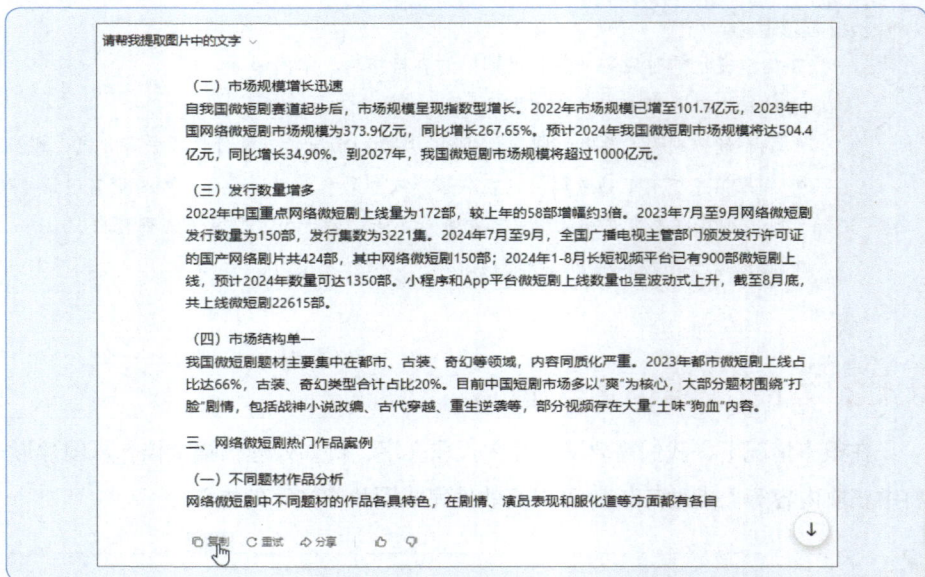

请帮我提取图片中的文字 ∨

（二）市场规模增长迅速
自我国微短剧赛道起步后，市场规模呈现指数型增长。2022年市场规模已增至101.7亿元，2023年中国网络微短剧市场规模为373.9亿元，同比增长267.65%。预计2024年我国微短剧市场规模将达504.4亿元，同比增长34.90%。到2027年，我国微短剧市场规模将超过1000亿元。

（三）发行数量增多
2022年中国重点网络微短剧上线量为172部，较上年的58部增幅约3倍。2023年7月至9月网络微短剧发行数量为150部，发行集数为3221集。2024年7月至9月，全国广播电视主管部门颁发发行许可证的国产网络剧片共424部，其中网络微短剧150部；2024年1-8月长短视频平台已有900部微短剧上线，预计2024年数量可达1350部。小程序和App平台微短剧上线数量也呈波动式上升，截至8月底，共上线微短剧22615部。

（四）市场结构单一
我国微短剧题材主要集中在都市、古装、奇幻等领域，内容同质化严重。2023年都市微短剧上线占比达66%，古装、奇幻类型合计占比20%。目前中国短剧市场多以"爽"为核心，大部分题材围绕"打脸"剧情，包括战神小说改编、古代穿越、重生逆袭等，部分视频存在大量"土味""狗血"内容。

三、网络微短剧热门作品案例

（一）不同题材作品分析
网络微短剧中不同题材的作品各具特色，在剧情、演员表现和服化道等方面都有各自

复制   重试   分享   👍 👎

通过上述提示词，用户可以利用Kimi快速从图片中提取文字，提取后需要注意核实提取的文字是否准确。

提示词进阶

在构建提示词时，可以要求对提取的文本进行翻译或者润色，示例如下。

请从给定的图片中提取所有文字信息，并将其精准地翻译成中文。同时，对翻译后的文本进行润色，以确保语言表达正式、规范。要求：①提取图片中的所有文字信息，包括标点符号和外文字符；②将提取的外文信息精准地翻译成中文，确保字面意思不变；③对翻译后的文本进行润色，以提高语言表达的准确性和规范性；④润色过程中，请确保文本的流畅性和可读性，避免生硬和冗余的表述。

3.1.4 实战：快速提取文本关键词

提取文本中的关键词可以帮助用户快速理解文章的核心内容，是进行信息检索、摘要生成等任务的基础。

场景　管峰是一位市场研究人员，他需要从大量的市场调研报告和用户反馈中提取关键词，以便快速识别市场趋势和消费者的关注点。

提示词

请帮我从下述文本中提取关键词，包括以下任务：①识别文本中的高频词汇和短语；②评估词汇与文本主题的相关性；③筛选出最具代表性的关键词。请确保提取的关键词能够准确反映文本的主题和重点。

原文：（略）。

回答

根据您提供的文本，识别出文本中的高频词汇和短语有：微短剧、网络微短剧、市场规模、发行数量、受众规模、题材、剧情、制作、盈利模式、内容付费、广告变现、电商带货、流量分账、IP改编、网络视频用户、短视频用户、垂直推送、免费模式。

......

筛选出最具代表性的关键词：微短剧、市场规模、发行数量、受众规模、题材、剧情、制作、IP改编、垂直推送、盈利模式、免费模式。

这些关键词能够准确反映文本的主题和重点，涵盖了微短剧市场的各个方面，包括定义、市场表现、内容创作、特点和商业模式等。

通过上述提示词，用户可以利用Kimi快速从文本中提取出最具代表性的关键词，快速抓住文章的核心要点，从而更好地理解和处理信息。另外，如果文本过长，可以存为文档后上传，再输入提示词。

提示词进阶

在构建提示词时应进一步细化任务的具体内容及预期结果，示例如下。

请帮我从以下文本中提取出最重要的15个关键词，并按重要性排序。要求：①提取的关键词应包括名词、动词和形容词；②请同时提供每个关键词出现的次数；③尽量排除常见的停用词（如"的""和"等）；④提供关键词之间的关联度或共现频率。请确保提取的关键词既能反映文本的主要内容，又能体现其重要性。

3.1.5 实战：分析文本的情感色彩

情感分析是一种通过自然语言处理技术来识别和分类文本表达的情感的方法。它可以帮助企业了解公众对其产品、服务的看法，对于市场调研和舆情监测具有重要意义。

场景

秦伟是一名市场分析师，他需要分析关于新产品的用户评论，以判断用户的整体情感倾向。

提示词

请帮我分析以下文本的情感色彩，并判断其是正面、负面还是中性，请提供详细的情感分析报告，包括整体情感倾向和具体的积极/消极词汇。

文本内容：（略）。

回答

以下是对这些文本的情感分析报告。

第一段文本

- 整体情感倾向：正面。
- 积极词汇：生活小助手、时尚精致、非常舒适、合适、功能强大、精准可靠、丰富多样、准确记录、科学参考、及时、不错、非常方便、非常满意、强烈推荐。

……

第十段文本

- 整体情感倾向：中性。
- 积极词汇：很喜欢、人性化、佩戴舒适、多种表盘、根据心情更换、非常强大。
- 消极词汇：重量比较重、续航能力差。

通过上述提示词，用户可以利用Kimi快速分析文本的情感色彩，了解文本的整体情感倾向，从而为市场调研和舆情监测提供有力支持。

提示词进阶

在构建提示词时应进一步细化任务的具体要求及预期结果，示例如下。

请帮我分析以下文本的情感色彩，并判断其是正面、负面还是中性。同时，请提供详细的情感分析报告，包括整体情感倾向、具体的积极/消极词汇及其强度评分。具体要求如下：①确定文本的整体情感倾向（正面、负面或中性）；②列出所有积极词汇和消极词汇，并给出它们在文本中的位置；③对每个词汇进行情感强度评分（如1~5分，1分为最弱，5分为最强）；④如果文本中包含混合情感，请指出并解释不同部分的情感差异。请确保情感分析报告既全面又准确，能够清晰地展示文本的情感色彩。

3.2　回复与互动管理

在现代职场和社交环境中，强大的回复与互动管理能力是必不可少的。无论是回复邮件、消息还是评论，高效、恰当的沟通都是提升个人形象、推动工作和项目顺利进行的关键。

3.2.1 实战：回复邮件

在商务沟通中，邮件是主要的沟通工具之一。Kimi 能够帮助用户快速、专业地回复邮件，提高沟通的效率和专业性。

场景　程可是一名项目经理，经常需要与客户和团队成员通过电子邮件进行沟通。他收到了一封来自潜在客户的邮件，希望进行专业的回复。

提示词　请帮我回复一封客户的邮件，确保回复内容专业、礼貌且切中要点。
邮件原文：（略）。

回答
尊敬的 ×× ：
您好！
非常感谢您对我们合作项目的关心和支持。以下是您所询问的项目进度的详细回复。
1.项目整体进度
目前，项目已完成了 [具体百分比]% 的工作量。我们按照既定的时间表稳步推进，各项任务均在有序进行中。核心团队成员均表现出色，确保了项目的高效进行。
……
再次感谢您的理解和支持。
顺祝商祺，

[您的姓名]
[您的公司名称]
[您的职位]
[您的联系方式]

邮件回复模板生成后，用户可以根据实际情况进行适当调整，使回复更加个性化，避免回复过于生硬和模板化。最后，及时跟进客户的后续反馈，确保良好的沟通和提升客户满意度。

提示词进阶

上述提示词虽然可以生成完整的邮件回复模板，但如果希望回复内容更具体、更专业，在下达提示词时建议包含关键信息（邮件主题、语气）、背景信息（发件人及产品信息）及具体要求，示例如下。

请帮我正式地回复这封来自客户的邮件。主要内容包括：感谢客户对我们产品的关注与询问；简要介绍产品的核心特点和优势；邀请客户参加即将举行的线上产品演示会，并提供会议时间和链接；表达期待客户参与的愿望，并附上我的联系方式以便进一步沟通。请注意，在回复邮件中保持专业且友好的语气，引用客户邮件中的提问进行针对性回答，并确保所有信息准确无误。

3.2.2 实战：回复消息

在即时通信工具被广泛使用的今天，消息回复的及时性和准确性在保持良好的人际关系和高效的工作沟通方面起着关键作用。无论是工作上的事务交流还是生活中的社交互动，恰当的消息回复都能增进彼此的理解与信任。

场景

吴梅收到领导发来的微信消息，告知她下个月有重要的项目启动会议，要求她准备详细的项目计划书在本周五前提交，同时表示有问题随时沟通。吴梅不知道如何进行回复。

提示词

请帮我撰写一条微信回复消息，回复对象为李总。消息原文：吴梅，我们下个月有一个重要的项目启动会议，需要你准备一份详细的项目计划书。请在本周五之前提交给我。如果有任何问题，随时与我沟通。

回答

李总，您好！我已经收到您关于下个月重要的项目启动会议的通知。我会立即着手准备详细的项目计划书，并确保在本周五之前提交给您。如果有任何问题或需要进一步的信息，我会及时与您沟通。

通过运用Kimi来回复各类消息，职场人士可以显著提高沟通效率，同时保证消息回复的专业性和准确性。在需要根据上下文进行消息回复的情况下，我们也可以通过截图的形式，将相关会话内容呈现给Kimi，从而获得更为精准的回答。

提示词进阶

为了进一步提升消息回复的个性化程度和精准度，用户可以在构建提示词时添加更多细节和背景信息。示例如下。

请根据客户的购买记录和产品问题，结合公司的售后服务政策，个性化地回复客户，并提供具体的解决方案或联系方式。

另外，可以更加具体地描述消息的情境和你的需求，例如：

帮我用幽默的语气回复朋友的调侃微信消息。

以专业的态度回复客户的咨询微信消息。

3.2.3　实战：回复评论

及时、专业且富有人情味的评论回复，不仅能够增强客户的购物体验，还能够有效提升店铺的口碑和转化率。利用Kimi回复各类评论，成为许多电商商家提高客户服务效率和质量的新选择。

场景　　赵飞是一名社交媒体运营人员，负责管理公司的官方账号。每天需要处理大量的用户评论，为了提高互动效果和用户满意度，他希望找到一种快速生成高质量评论回复的方法。

提示词　　请根据以下评论内容进行回复，确保回复内容积极、有建设性且能够促进互动。评论原文："这款产品真的很好用，但是价格有点贵，希望公司能有优惠活动。"

回答　　非常感谢您对产品的认可和支持！我们很高兴听到您觉得产品好用。您的意见对我们来说非常宝贵。

关于价格问题，我们始终致力于为客户提供高性价比的产品。我们会不定期推出优惠活动，以回馈广大用户的支持。请您关注我们的官方渠道，如官方网站、社交媒体账号等，以便第一时间获取最新的优惠信息。

同时，我们也非常欢迎您提出宝贵的意见和建议，以便我们不断改进产品和服务。如果您有任何其他的想法或需求，欢迎随时与我们联系，我们很乐意听到您的声音。再次感谢您的支持，期待与您有更多的互动和交流！

通过巧妙地构建提示词，商家可以针对不同类型的评论给出恰当、有效的回复，实现与客户的良性互动。

提示词进阶

在利用Kimi回复评论时，需明确回复目的与具体情境，精确描述评论内容，设定适宜的回复风格，融入个性化元素以增强针对性，同时考虑情感共鸣以展现同理心，确保信息准确无误，并可提供模板或示例以引导Kimi生成符合预期的高质量回复。示例如下。

Kimi，请根据以下评论内容，生成一个正式且带有情感共鸣的回复。

评论原文："我一直很喜欢你们的产品，但这次购买的××型号的产品出现了××问题，让我有些失望。希望能尽快解决。"

回复要求：①表达对用户长期以来支持的感谢；②承认产品存在的问题，并表示歉意；③承诺将立即采取措施解决问题，并提供具体的解决方案或联系方式；④邀请用户保持联系，以便随时跟进问题解决情况；⑤保持语气诚恳、专业，同时体现出对用户情感的理解和共鸣。

期望回复示例（非具体生成）："……"。

3.3 沟通协作优化

在快节奏的现代职场环境中，高效的沟通与协作能力是推动项目进展和团队合作的关键。本节将通过实战案例，帮助读者掌握一系列实用技巧，提升职场中的沟通效率和团队协作水平，确保信息准确传达的同时，维护良好的团队关系。

3.3.1 实战：高效回复领导的消息

在职场沟通中，高效回复领导的消息至关重要。这不仅体现了员工的工作态度和专业素养，还关系到工作的推进和职业发展。

场景
袁宏是一家广告公司的策划专员，领导刚刚发消息询问他负责的项目策划方案的进展状况，并且提到了一些对方案的疑问，希望袁宏能尽快回复并解答疑问，同时给出下一步的计划。

提示词
Kimi，请帮我撰写一条回复领导的消息。消息需包含：①项目策划方案目前的进展状况，包括已完成的部分和正在进行的部分；②针对领导提出的疑问进行清晰、详细地解答；③阐述下一步的工作计划，包括时间节点和预期目标。回复语言要简洁明了、条理清晰且态度诚恳。

回答

尊敬的[领导的姓名或职位]：

您好！

关于项目策划方案的最新进展，我在此向您汇报如下。

1. 已完成的部分

● 市场调研：我们已经完成了对目标市场的初步调研，收集了相关数据，并进行了初步分析。

● 竞品分析：对比了行业内的主要竞争对手，形成了详细的竞品分析报告。

……

我们的目标是在[具体日期]前完成项目策划方案的最终版，并确保项目按计划顺利推进。请您放心，我们将持续保持高效的工作节奏，并确保每一步工作都符合预期目标。

感谢您的关注和支持，如有任何问题或需要，我随时为您提供更详细的信息。

通过上述提示词，Kimi能够创建一个高效的回复模板，帮助用户在与领导沟通时保持专业性和高效。在实际应用中，用户可以根据不同的情况和需求进行调整，以确保信息的及时和准确传达。

提示词进阶

在构建提示词时，应强调回复的针对性和解决方案的提出，示例如下。

请帮我撰写一条回复领导的消息，用于回应领导关于项目进度的询问。消息需要包括以下内容：①直接确认收到领导的询问，并简要概述当前项目进度；②提出下一步的工作计划和预期完成时间（补充时间）；③明确指出需要领导支持的具体事项（如资源调配或决策审批）；④表达对领导持续指导和支持的感激之情。请确保回复内容简洁明了、专业且具有建设性。

3.3.2 实战：在客户投诉时保持专业和同理心

面对客户投诉，保持专业和同理心是维护客户关系和企业形象的关键。本节介绍利用Kimi来优化针对客户投诉的回复，确保问题的有效解决和客户满意度的提升。

场景

林芳是客户服务部门的一员，最近收到了一位客户关于产品质量问题的投诉。为了妥善处理此次投诉，林芳需要编写一封回复邮件，既要表达对客户不满的理解，也要提供具体的解决方案，以期让客户满意。

提示词

　　Kimi，请生成一封回复客户投诉的邮件。邮件需要包括：①对客户问题的理解和抱歉；②对所发生问题的解释；③提出的解决方案或补救措施；④邀请客户反馈解决方案的接受程度；⑤表达继续提供优质服务的决心。请确保邮件内容真诚、专业，能够有效安抚客户情绪。

回答

主题：对您的问题表示诚挚的歉意及解决方案

尊敬的 [客户姓名]：

您好！

　　首先，我们想对您在使用我们的产品/服务过程中遇到的问题表示最深切的歉意。我们了解到这对您造成了不便，并且我们非常重视您的反馈。请相信，我们始终致力于提供最优质的客户体验，任何偏离这一目标的情况都是我们不愿看到的。

　　……

　　如果您有任何进一步的问题或需要额外的帮助，请随时通过[联系方式，例如：回复此邮件/电话/客服聊天]与我们联系。我们承诺将迅速响应，并致力于解决您的任何问题。

　　再次感谢您的耐心和理解。我们期待着有机会证明我们的承诺，并确保您的满意度。

　　最诚挚的问候！

[您的姓名]

[您的职位]

[公司名称]

[联系信息]

　　通过上述提示词，Kimi可以生成一封既能体现公司专业形象又能展现客服人员同理心的回复邮件。用户可以根据具体情况调整Kimi生成的邮件内容，如客户姓名、具体问题原因、解决方案和补偿措施等。

提示词进阶

　　在构建提示词时，应强调内容的个性化和情感化，以增强与客户的情感连接和信任感。例如，可以根据客户的具体情况和投诉内容，提供更具针对性的解决方案和补偿措施；同时，在内容中加入适当的情感表达，如道歉、感谢和关心等，以展现客服人员的真诚和关怀。示例如下。

　　请帮我撰写一个客户投诉处理示例，用于指导客服人员处理因物流延误导致的客户投诉。示例需要包括以下内容：①表达对因物流延误给客户带来的不便深感抱歉；②确认订单的具体信息和客户的期望到货时间；③提供补偿措施，如免费升级快递服务、赠送优惠券等，并明确实施时间和责任人；④向客户保证将加强物流管理和监控，避免类似问题再次发生；⑤感谢客户的耐心和理解，并邀请客户在未来继续关注和支持我们的服务。请确保语言亲切、真诚且有效，能够充分展现我们的专业素养和同理心。

3.3.3 实战：制定谈判沟通策略

在商业合作中，有效的谈判沟通不仅能够促成交易，还能够增强双方的合作关系。正确的沟通策略可以帮助企业更好地展示自身优势，同时理解对方的需求，获得双赢的结果。

场景

赵刚是一家企业的业务发展经理，他即将与一个潜在的合作伙伴进行谈判，以达成一项重要的合作协议。他需要制定一个有效的沟通策略，以确保谈判的成功并维护公司的利益。

提示词

请帮我制定一份与合作伙伴谈判的沟通策略，内容包括：①明确谈判目标和底线；②准备支持数据和案例以增强说服力；③设计提问和回应的策略以引导谈判方向；④制定备选方案以应对不同谈判结果。请使用专业且具有策略性的语言，并确保内容的逻辑性和前瞻性。

回答

谈判沟通策略

一、明确谈判目标和底线

1.目标设定：在进入谈判之前，我们需要明确我们的最终目标和可接受的最低条件。这包括但不限于价格、交货时间、质量标准、付款条件等关键内容。

● 最终目标：[具体目标，例如：达成一份长期合作协议，确保价格在具有市场竞争力的范围内，同时保证产品质量符合国际标准。]

● 底线条件：[具体底线，例如：价格不得低于成本价的105%，交货时间不得晚于合同规定日期后的30天，产品质量必须通过ISO认证。]

……

通过以上策略，我们可以确保在与合作伙伴的谈判中，既能够坚持我们的立场，又能灵活应对各种情况，最终达成一个对双方都有利的结果。

通过上述提示词，Kimi创建了一份详细的谈判沟通策略，帮助用户在与合作伙伴谈判时保持目标清晰和策略明确。用户可以根据不同的合作伙伴和谈判环境对该策略进行调整，以确保谈判的顺利进行和目标的实现。

提示词进阶

在构建提示词时，可以进一步细化每个环节的具体内容，如开场的亲切问候、议题引入的自然过渡、利益阐述的翔实数据支持、异议处理的灵活应对等。示例如下。

请帮我细化与合作伙伴谈判的沟通策略中的"异议处理"环节，设计一套针对合作伙伴可能提出的关于合作细节、利益分配、合作期限等异议的应对方案。方案需要包括异议的识别、分析、回应和解决措施的提出等步骤，确保能够迅速、有效地化解异议，推动谈判进程。请确保方案内容具体、可行，能够切实消除合作伙伴的疑虑和担忧。

3.3.4 实战：应对沟通中负面反馈的策略

在任何沟通场合中，遇到负面反馈都是在所难免的。妥善处理这些负面反馈，不仅能提升个人的情商，也能维持良好的人际关系。

场景　王玉梅是一名项目经理，她最近在一次项目汇报会上收到了来自同事的负面反馈，指出项目存在进度滞后、成本超支等问题。为了有效应对这些负面反馈，王玉梅希望得到一些专业的建议，以便她能够正面回应这些反馈，同时寻找改进的方法。

提示词　Kimi，请生成一份应对负面反馈的策略。策略应包括：①冷静听取对方意见，避免立即反驳；②感谢对方的反馈，表达愿意改进的态度；③分析反馈内容，识别问题所在；④提出具体的改进措施，如调整项目计划、加强成本控制等；⑤邀请对方参与解决方案的制定，共同推动项目前进。请确保策略既理性又充满建设性，能够有效化解冲突，促进团队合作。

回答

应对负面反馈的策略

一、冷静听取对方意见，避免立即反驳

1. 倾听技巧：在接收到负面反馈时，首先保持冷静，全神贯注地倾听对方的意见，不打断对方，确保完全理解对方的关切点。

2. 非语言沟通：通过点头、眼神交流等非语言方式表明你在认真倾听，这有助于建立信任和尊重。

......

七、总结经验并持续改进

1. 经验总结：每次处理完负面反馈后，总结经验教训，为未来可能出现的类似问题提供参考。

2. 持续改进：将改进措施纳入日常管理中，形成持续改进的机制。

通过上述提示词，Kimi生成了一份应对负面反馈的策略，可以引导用户从不同角度思考问题，采取积极的行动，增强团队的凝聚力。

提示词进阶

在构建提示词时，应强调积极处理反馈和团队合作的重要性，将反馈视为成长的机会。示例如下。

Kimi，请生成一份应对项目进度滞后负面反馈的策略。策略应包括：①首先肯定对方的关注和支持，表明自己重视此次反馈；②详细分析导致进度滞后的原因，如资源分配不当、外部因素干扰等；③制定具体的补救措施，比如重新规划关键任务的时间线、增加资源投入等；④邀请团队成员一起讨论并落实解决方案，共同克服困难；⑤建立定期进度审查机制，确保未来项目的顺利推进。请确保策略既体现了对问题的深刻认识，也展现了积极解决问题的态度。

3.4　营销文案创作

在当今竞争激烈的商业环境中，出色的营销文案对于吸引目标受众、提升品牌知名度和促进销售至关重要。本节介绍使用Kimi进行营销文案创作的实战应用，旨在帮助营销人员创作出富有创意和吸引力的文案，精准触达消费者，实现营销目标，推动企业在市场竞争中脱颖而出。

3.4.1　实战：社交媒体广告文案

社交媒体广告文案的创作在数字营销时代尤为重要。本节将介绍使用Kimi来创作引人瞩目的社交媒体广告文案，确保文案的吸引力和传播效果。

场景

赵敏是一个时尚品牌的营销经理，她需要在社交媒体上发布一系列广告文案，以推广品牌的新款服装。她希望文案能够吸引年轻消费者的眼球，提升品牌知名度和服装销量。

提示词

　　请帮我撰写一条社交媒体广告文案，用于推广品牌的新款服装。文案需要突出服装的时尚元素、设计亮点和穿着体验，同时结合目标受众的兴趣爱好和社交习惯，制定具有创意和吸引力的广告文案。请确保文案内容新颖、独特，能够引起受众的共鸣和关注。

K
回答

社交媒体广告文案

【探索时尚新境界】

"风尚启航，潮流随行"

　　时尚元素：我们的新款服装，融合了流行色彩和前卫图案，每一针每一线都透露着时尚。无论是街头风的大胆撞色，还是优雅风的细腻纹理，我们都为您精心打造，让您在任何场合都能成为焦点。

　　……

　　结语：时尚不仅仅是一种选择，更是一种态度。穿上我们的新款服装，让每一天都成为您的时尚秀场。#潮流随行#，让我们一起启航！

　　通过上述提示词，Kimi生成了一条具有创意和吸引力的社交媒体广告文案，用户只需根据实际的品牌和产品特点调整文案中的具体细节，如颜色、面料、设计元素等，选择合适的社交平台进行发布即可。

提示词进阶

　　在构建提示词时，可以进一步细化文案的创作要求和目标受众的特点，以提高文案的针对性和有效性。示例如下。

　　请帮我撰写一条针对年轻女性消费者的社交媒体广告文案，用于推广品牌新款女装。文案需要突出产品的时尚感、舒适度，提供搭配建议，同时结合年轻女性的审美偏好和购物习惯，制定富有创意和个性化的广告语。请确保文案内容新颖、独特，能够引起年轻女性的共鸣和兴趣，提升品牌知名度和销量。

3.4.2　实战：新产品上市推广计划

　　新产品上市推广是企业市场营销中的重要环节，一份成功的推广计划能够迅速打开市场，让新产品赢得消费者的青睐。

场景

　　冯振是一家电子产品公司的产品经理，他负责一款新型智能手环的上市推广工作。为了确保新产品的成功上市，他需要制定一份详细、全面的推广计划，包括市场调研结果分析、目标受众定位、营销策略制定执行时间表和资源分配等关键要素。

提示词

请帮我制定一份新产品上市推广计划，用于推广一款新型智能手环。推广计划需要包括市场调研结果分析、目标受众定位、营销策略制定（包括线上线下渠道选择、广告宣传方式、促销活动安排等）、执行效果评估、执行时间表和资源分配等关键要素。请确保计划内容全面、详细，能够有效指导新产品的上市推广工作。

回答

新产品上市推广计划——新型智能手环

一、市场调研结果分析

1.目标受众定位：根据市场调研，智能手环的主要目标受众包括健康意识强的年轻人群体、关注运动健身的中年人群体以及追求时尚科技的数码爱好者。

2. 市场趋势：智能手环市场呈现出健康监测功能日益丰富、运动追踪功能不断升级、用户对续航时间有更高要求以及外观设计更加时尚的趋势。

……

2. 物力：确保有足够的库存和物流支持，以及线下体验店的设施配备完善。

3. 财力：合理规划营销预算，确保资金的合理使用和风险控制。

通过以上计划，我们可以全面、有效地指导新型智能手环的上市推广工作，确保产品成功进入市场并取得良好的市场反响。

通过上述提示词，Kimi生成了一份全面、详细的新产品上市推广计划，不仅涵盖了市场调研结果分析、目标受众定位、营销策略制定和执行效果评估等关键环节，还明确了时间表和资源分配等具体细节。

提示词进阶

在构建提示词时，应深入挖掘市场数据和消费者行为特征，例如具体的市场份额占比和消费者购买决策因素。示例如下。

请制定新型智能手环上市推广计划，已知目标市场中同类产品市场份额前5名的品牌分别占据 [A%, B%, …, E%] 份额，竞争对手主要在健康监测精准度和品牌知名度上有优势。70%的目标消费者购买此类产品时会参考线上评测，且更看重产品功能实用性和售后服务。基于此，制定包括精准定位产品功能优势、针对性定价策略、结合线上评测开展促销活动等内容的推广计划，同时明确各阶段推广渠道、时间安排、预算分配及预期效果评估指标。

3.4.3　实战：品牌故事

品牌故事是企业与消费者之间建立情感连接的重要桥梁。一个生动、真实的品牌故事不仅能够提升品牌的知名度，还能够加深消费者对品牌的认同感。

场景

李华是一家文化创意公司的品牌经理，她负责为公司旗下的一个传统手工艺品牌"匠心织梦"创作品牌故事。这个品牌有着悠久的历史和独特的技艺，但一直未能深入人心。李华希望通过创作一个动人的品牌故事，提升品牌的知名度和美誉度。

提示词

请帮我创作一个关于传统手工艺品牌"匠心织梦"的品牌故事，故事需要围绕品牌的历史传承、独特技艺、文化内涵以及与现代生活的结合等方面展开。请确保故事内容真实、感人，能够引起消费者的共鸣，提升品牌的美誉度和消费者的忠诚度。

回答

品牌故事：匠心织梦——织就时光，梦绘未来

在江南水乡的一隅，有一座小镇，那里的河流静静流淌，古树参天，青石板路上回荡着历史的足音。在这个小镇上，有一个被当地人传颂的品牌——"匠心织梦"。这不仅是一个品牌，更是一个家族世代相传的承诺，是一段跨越世纪的传奇。

第一章：传承的起点

......

"匠心织梦"不仅仅是一个品牌，更是一个关于传承、创新和情感的故事。它告诉我们，无论时代如何变迁，有些东西是永恒不变的——那就是对美的追求、对传统的尊重和对生活的热爱。选择"匠心织梦"，就是选择了一段历史，一种文化，一个故事。让我们一起守护这份匠心，让时光织梦，让传统在现代生活中绽放新的光彩。

通过上述提示词，Kimi 创作了一个引人入胜、富有感染力的品牌故事。这个故事不仅展现了品牌的历史传承和独特技艺，还深入挖掘了品牌的文化内涵，并将其与现代生活相结合，成功提升了品牌的知名度和美誉度。

提示词进阶

在构建提示词时，可以进一步强调品牌故事的独特性和创新性，以及与目标受众的关联性。示例如下。

请帮我创作一个具有独特性和创新性的品牌故事，用于提升一个面向年轻消费者的时尚品牌的知名度。故事需要围绕品牌的创立背景、设计理念、产品特色以及与现代时尚潮流的结合等方面展开，同时融入年轻消费者的生活场景和价值观。请确保故事内容新颖、有趣，能够引起年轻消费者的共鸣和兴趣，提升品牌的美誉度，扩大品牌的市场份额。

3.4.4　实战：线上线下联动活动方案

在数字时代，线上线下联动的营销活动成为企业吸引消费者、提升品牌影响力的有效手段。通过整合线上线下资源，企业可以创造更多与消费者互动的机会，提升消费者体验。

场景　　刘洋是一家电子产品公司的市场经理，公司即将推出一款新的智能手表。为了提高产品的市场认知度，刘洋希望策划一场线上线下联动的营销活动，通过多种渠道吸引消费者的关注和参与。

提示词　　请生成一份智能手表的线上线下联动活动方案。方案应包括：①活动主题；②线上活动形式，如直播互动、社交媒体互动等；③线下活动形式，如体验店试用、路演等；④活动时间表，确保各项活动有序进行；⑤预算分配，确保活动的顺利实施。请确保方案新颖，能够有效地吸引消费者参与。

回答

智能手表线上线下联动活动方案

一、活动主题

活动主题："智在未来，慧享生活"

二、线上活动形式

1. 直播互动：邀请科技领域的KOL在各大直播平台进行智能手表的功能介绍和使用体验分享。通过直播的形式，增加用户的互动和参与度，同时设置互动环节，如问答、抽奖等，提高观众的积极性。

2. 社交媒体互动：在微博、微信、抖音等社交媒体平台上发布智能手表的使用技巧、用户评价和互动话题，增加用户对智能手表的认知和兴趣。

……

2. 线下活动成本：包括场地租赁成本、人员工资、活动布置成本、奖品费用、广告费用等。

3. 预算控制：活动预算应根据品牌的实际情况和预期目标进行合理分配，重点考虑活动的宣传和推广渠道的选择，适当控制活动成本，尽可能达到预期的效果。

通过以上方案，我们可以确保智能手表的线上线下联动活动既新颖又有效，能够吸引消费者参与，提升品牌的美誉度和消费者的忠诚度。

通过上述提示词，Kimi生成了一份智能手表线上线下联动活动方案，用户可以根据市场变化和消费者反馈及时调整方案，确保活动的持续性和有效性。

提示词进阶

　　在构建提示词时，可以进一步强调活动的创新性和互动性，以及与目标受众的精准匹配。示例如下。

　　请帮我制定一份具有创新性和互动性的线上线下联动活动方案，用于提升一个面向年轻消费者的时尚品牌的知名度。方案需要围绕年轻消费者的兴趣爱好和购物习惯，设计富有创意和趣味性的活动内容（如线上AR试穿、线下主题派对等），同时确保活动广告的精准投放和有效宣传。请确保方案内容新颖、有趣，能够引起年轻消费者的积极参与和分享，提升品牌的线上曝光度和线下体验度，促进销售额增长。

3.5　商业分析

　　商业分析是企业决策的重要依据，精准的分析能够助力企业把握市场趋势、明确自身定位、优化资源配置。本节将通过多个实战案例，展示Kimi在商业分析领域的应用。

3.5.1　实战：SWOT分析

　　SWOT分析是商业分析中常用的战略工具，它通过评估企业的优势（Strength）、劣势（Weakness）、机会（Opportunity）和威胁（Threat），帮助企业全面了解自身所处的内外部环境，为企业制定战略决策提供依据。

场景

　　吴雷是一个市场分析师，需要对公司进行一次全面的SWOT分析，以明确公司当前的情况和未来发展方向。

提示词

　　请帮我撰写一份关于××科技公司的SWOT分析报告，报告应包括：①内部优势，如核心技术、团队实力等；②内部劣势，如资金限制、市场经验不足等；③外部机会，如市场需求增长、政策支持等；④外部风险，如竞争对手强大、技术更新换代快等。请确保分析全面、客观，能够为公司制定战略决策提供依据。

回答

××科技公司SWOT分析报告

1. 内部优势

● 强大的研发创新能力：××科技公司投入巨资用于研发，以保持技术领先地位。公司拥有一支高素质的研发团队，擅长前沿技术研究和产品创新，确保公司在市场上始终保持竞争优势。

● 高效的生产与物流管理体系：公司采用先进的生产设备和严格的管理制度，确保产品质量和交货效率。同时，优化后的物流体系能够确保产品快速、准确地到达客户手中，提高客户满意度。

……

● 利用内部优势减少外部威胁的影响（ST战略）：通过提升产品质量和服务水平，增强客户忠诚度，减少经济波动对公司的影响。

● 改善内部劣势以抓住外部机会（WO战略）：公司应加强人才培养和技术创新，提升市场竞争力，抓住政策支持和技术转移带来的机会。

通过上述提示词，Kimi可以生成一份SWOT分析报告，用户可以根据企业的实际情况进行调整，确保分析报告的准确性和实用性。

提示词进阶

在构建提示词时，可以提供更详细的企业数据和市场调研信息，例如具体的财务数据、市场份额数据以及消费者调研结果。示例如下。

请为一家餐饮连锁企业撰写SWOT分析报告，已知企业过去一年菜品研发投入占总营业收入的[×]%，新菜品推出后日平均销售额增长[×]%，但食材采购成本较去年上升[×]%。新城市餐饮市场规模预计未来两年增长[×]%，消费者对健康餐饮需求增长明显，当地已有的3家大型连锁餐饮企业占据[×]%市场份额。根据这些信息，详细分析企业优势/劣势、市场机会/风险，并提出具体的战略建议，如针对消费者健康餐饮需求，利用菜品研发优势推出健康菜品（SO策略）等。

3.5.2 实战：企业竞争力分析

企业竞争力分析是评估企业在市场中的相对优势和劣势的重要方法。通过对竞争对手的深入研究，企业可以发现自身的不足，找到提升竞争力的途径。

场景

某互联网电商企业在行业中已运营多年，业务涵盖服装、家居、数码等多个品类。企业拥有自己的物流配送体系，技术研发团队不断创新，但在用户获取成本、品牌影响力方面与行业领先企业仍有差距。

提示词

　　请帮我撰写一份企业竞争力分析报告，用于评估互联网电商企业在行业中的竞争力。报告需包含：①企业核心竞争力要素，如技术创新能力、物流配送优势等；②企业竞争力不足之处，如品牌建设、用户获取等方面的问题；③与竞争对手的比较分析，包括主要竞争对手的优势和劣势，以及该企业与之相比的优劣势；④提升企业竞争力的建议，包括短期策略和长期策略。

回答

企业竞争力分析报告

1. 企业核心竞争力要素

● 技术创新能力：根据研究，技术创新能力是企业核心竞争力的重要组成部分，尤其在互联网电商领域，技术创新能够推动平台服务与资源整合能力的提升。例如，通过大数据分析和AI技术，电商平台能够更精准地进行用户画像分析，优化推荐算法，提高用户体验和运营效率。

……

5. 长期策略

● 持续投入研发，保持技术创新的领先地位。

● 拓展国际市场，增强全球竞争力。

● 加强与供应商的合作，提升产品质量和多样性，以满足不同消费者的需求。

以上分析基于当前的市场情况和搜索结果，企业应根据自身实际情况和市场变化，灵活调整策略以提升竞争力。

　　通过上述提示词，Kimi能够生成一份企业竞争力分析报告。在进行企业竞争力分析时，要深入挖掘企业核心竞争力，正视自身不足，通过与竞争对手对比明确差距和自身优势。

提示词进阶

　　在构建提示词时，应注重分析的全面性和战略建议的创新性，示例如下。

　　请帮我撰写一份针对我们公司在电子商务领域的竞争力分析报告。报告需要包括以下内容：①我们在物流、技术和客户服务方面的核心优势；②我们在电子商务领域中的竞争地位和主要竞争对手；③行业趋势、消费者行为和技术发展对竞争力的影响；④提出基于竞争力分析的战略建议，如市场细分、技术创新和品牌建设。请确保报告内容全面、深入且具有创新性。

3.5.3　实战：产品市场定位分析

　　产品市场定位分析是确定产品在目标市场中的位置和形象的关键步骤，它有助于企业制定有效的市场策略和提升产品竞争力。

场景

李明是一家科技公司的产品经理，负责一款新产品的市场定位。该产品是一款面向年轻职场人士的智能戒指，旨在提供健康管理、时间管理等服务。为了确保产品的成功上市，他需要进行详细的市场定位分析。

提示词

请帮我撰写一份智能戒指的产品市场定位分析报告。报告应包含以下内容：①目标市场的选择与描述，包括目标消费者的年龄、性别、职业、消费习惯等特征；②竞争对手分析，总结市场上主要竞争产品的特点、优势、劣势；③产品差异化分析，明确本产品在功能、设计、价格等方面的独特卖点；④市场需求分析，基于目标市场的调研结果，分析消费者对智能戒指的需求和期望；⑤市场定位建议，结合以上分析，提出产品的市场定位策略，包括目标市场、产品定位、品牌形象等。请确保报告内容翔实、逻辑清晰、语言专业。

回答

智能戒指产品市场定位分析报告

一、目标市场的选择与描述

目标市场为对健康监测和智能设备有较高需求的年轻职场人士。这一群体的特征如下。

● **年龄**：主要集中在20~40岁，这一年龄段的消费者对新技术的接受度高，且更关注个人健康和生活质量。

......

● **产品定位**：打造一款集健康监测、便捷生活和时尚设计于一体的智能戒指，满足目标消费者对高品质生活的追求。

● **品牌形象**：塑造一个创新、可靠且时尚的品牌形象，通过营销活动和用户互动，增强品牌与消费者之间的情感联系。

通过精准的市场定位和差异化策略，本产品有望在竞争激烈的智能戒指市场中脱颖而出，赢得消费者的青睐。

通过上述提示词，Kimi全面而准确地生成了一份产品市场定位分析报告。报告详细分析了目标市场、竞争对手、产品差异化、市场需求以及市场定位。

提示词进阶

在构建提示词时，应进一步细化分析报告内容，提供更具针对性的指导，以便Kimi生成更精确的市场定位分析报告。示例如下。

请帮我撰写一份针对年轻职场人士的智能手表市场定位分析报告。报告需要符合以下要求：①目标消费者为25~35岁的年轻职场人士，详细描述他们的消费习惯、购买偏好、生活方式等；②竞争对手分析应涵盖市场上主要的智能手表品牌，特别是与年轻职场人士相关的品牌，总结它们的产品特点、市场份额、用户评价等；③产品差异化分析应突出本产品在健康管理、时间管理等方面的独特功能，以及与竞品相比的优势；④市场需求分析应基于问卷调查、社交媒体分析等数据，深入了解年轻职场人士对智能手表的具体需求和期望；⑤市场定位建议应明确产品的品牌形象、目标市场、产品定位、价格策略等，确保产品能够精准满足目标市场的需求。请确保报告内容翔实、数据准确、分析深入。

3.5.4 实战：供应链效率优化分析

供应链是企业运营的重要组成部分，高效的供应链管理能够降低成本、提高响应速度、提升客户满意度。

场景
周泽是一家制造业公司的供应链经理，负责公司的原材料采购、生产安排、物流配送等供应链环节。近期，他发现公司的供应链效率较低，导致生产成本增加、交货周期延长。为了提升供应链效率，他需要进行详细的效率优化分析。

提示词
请帮我撰写一份供应链效率优化分析报告。内容包括：①供应链各环节的运作时间和成本；②供应链中的瓶颈环节和潜在风险；③行业内的最佳实践和改进措施；④基于分析得出的优化建议和实施计划。请使用系统性和分析性的语言风格，并确保分析的全面性和可操作性。

回答

供应链效率优化分析报告

一、供应链各环节的运作时间和成本

通过对现有供应链流程的详细分析，包括物料采购、生产制造、仓储管理和配送等环节，得出以下关键数据。

1. 物料采购：平均采购周期为30天，成本主要受供应商报价、采购量和价格波动影响。

2. 生产制造：生产周期根据产品复杂度不同而有所差异，平均为15天，成本涉及原材料、人工和设备折旧。

……

2. 产品定位：打造一个集供应链效率优化、风险管理和成本控制于一体的解决方案，满足企业对供应链管理的全方位需求。

> 3.品牌形象：塑造一个创新、可靠且高效的品牌形象，通过成功案例和客户推荐，树立品牌在供应链管理领域的专业地位。
>
> 通过以上分析和建议，我们可以为企业提供一个全面、系统的供应链效率优化方案，帮助企业降低成本、提高服务质量，并获得持续增长的竞争优势。

通过上述提示词，Kimi可以生成一份具体且可行的供应链效率优化分析报告，帮助企业识别供应链中的问题，提出切实可行的改进建议。

提示词进阶

在构建提示词时，应注重分析报告的实用性和可操作性，确保提出的建议能够切实解决供应链中的问题。示例如下。

请生成一份详细的供应链效率优化分析报告，重点分析公司在原材料采购和库存管理方面的问题。分析报告需包括：①当前供应链状况，如供应商选择、采购周期、库存水平等；②存在的问题，如供应延迟、库存积压、成本过高；③问题原因分析，如供应商选择不当、信息系统不完善、流程管理不规范等；④优化建议，如建立供应商评估体系、引入先进的库存管理系统、优化物流网络等；⑤实施计划，包括短期措施（如临时增加库存）、长期措施（如系统升级）以及责任分工等。请确保分析报告具体、实用，能够为供应链优化提供切实可行的建议。

3.5.5　实战：市场容量与增长潜力预测

市场容量与增长潜力预测是企业制定市场进入策略和投资决策的重要依据。通过科学的预测，企业可以更好地把握市场趋势，合理配置资源，降低投资风险。

场景　王莉是一家新兴科技公司的市场分析师，她负责评估公司即将进入的智能穿戴设备市场的容量与增长潜力。为了制定合理的市场进入策略，她需要进行详细的市场容量与增长潜力预测。

提示词　请帮我撰写一份关于智能穿戴设备市场容量与增长潜力的预测报告。报告应包含以下内容：①市场定义与分类，明确智能穿戴设备的范畴及主要分类；②历史市场规模分析，总结过去几年智能穿戴设备市场的规模、增长率及主要驱动因素；③未来市场容量预测，基于行业趋势、技术进步、消费者需求等因素，预测未来几年市场的容量及增长潜力；④竞争格局分析，总结市场上主要竞争者的市场份额、产品特点、市场营销策略等；⑤市场机会与挑战分析，识别市场中的机遇与潜在风险；⑥结论与建议，基于以上分析，提出公司进入市场的策略建议。请确保报告分析深入，语言专业。

K
回答

智能穿戴设备市场容量与增长潜力预测报告

一、市场定义

智能穿戴设备市场是指以智能穿戴设备为核心产品的市场领域，涵盖所有与智能穿戴设备相关的生产、销售、服务及应用环节。该市场的主要参与者包括设备制造商、软件开发商、服务提供商、零售商以及消费者。其市场规模和增长潜力受技术进步、消费者需求变化、政策法规以及宏观经济环境等多方面因素的影响。

......

六、结论与建议

基于以上分析，公司应聚焦于技术创新和产品多样化，加强数据安全与隐私保护，以应对市场竞争。同时，应关注消费者需求变化，拓展新的应用场景，特别是在健康监测和智能家居领域。此外，公司应加强与科技巨头的合作，利用5G、AI等技术提升产品竞争力，以抓住市场增长机遇。

通过上述提示词，Kimi能够生成一份智能穿戴设备市场容量与增长潜力预测报告，并在报告中给出结论和建议。

提示词进阶

在构建提示词时，应进一步细化预测方法，结合多种数据来源与分析工具，提升预测的准确性与可靠性。示例如下。

请帮我撰写一份基于多元回归分析的智能穿戴设备市场容量与增长潜力预测报告。报告需要符合以下要求：①市场定义与分类；②历史市场规模分析应结合行业报告、市场调研数据、公司财报等多种来源的数据，运用统计方法分析市场规模及增长趋势；③未来市场容量预测应采用多元回归分析模型，结合技术进步速度、消费者接受度、政策环境等变量，预测未来5年的市场规模及增长率；④竞争格局分析应运用SWOT分析、五力模型等工具，深入剖析市场竞争态势；⑤市场机会与挑战分析应结合宏观环境分析、消费者行为研究等，识别市场中的关键机遇与风险；⑥结论与建议应基于以上分析，提出具体的市场进入策略、产品定位、营销策略等。请确保报告方法科学，数据翔实、分析深入。

3.6　社交媒体运营

　　社交媒体已成为企业与消费者互动的重要平台，有效的社交媒体运营策略能够显著提升品牌影响力和用户参与度。本节将围绕社交媒体运营的关键方面，利用Kimi制定一系列运营策略，以充分发挥社交媒体的优势，实现营销效果的最大化。

3.6.1　实战：微博话题互动策略制定

　　在社交媒体运营领域，微博作为重要的信息传播和互动平台，其话题互动策略对于提升品牌曝光度、提升用户参与度具有重要意义。

场景

　　王良是一家时尚品牌的社交媒体运营专员，负责在微博平台上策划和执行话题互动活动，以吸引更多潜在消费者关注品牌，提高品牌知名度和用户黏性。

提示词

　　请帮我制定一份微博话题互动策略，策略需包含以下内容：①话题主题的选择，确保与品牌调性相符且能引发用户的兴趣；②互动形式的设计，如投票、问答、评论抽奖等，以提高用户参与度；③话题推广计划，包括发布时间、频次及合作KOL的选择；④用户反馈收集机制，用于评估活动效果并优化后续策略；⑤确保策略内容符合微博平台规定，避免违规行为。

回答

　　以下是为您定制的微博话题互动策略。

1. 话题主题的选择

● 与品牌调性相符：选择与品牌核心价值和形象相匹配的话题，确保话题能够传递品牌的态度和观点。

● 引发用户的兴趣：紧跟时事热点、节日、科技动态等，选择与用户日常生活紧密相关的话题，如健康、教育、职场等。

　　……

5. 确保策略内容符合微博平台规定

● 避免违规行为：确保所有话题和互动形式遵守微博平台的规定，避免使用敏感词汇和违规内容，以免账号受限或被封禁。

　　通过上述策略，您可以有效地在微博上进行话题互动，提升品牌影响力和用户参与度。

通过上述提示词，Kimi制定了一份详细的微博话题互动策略，涵盖了话题主题的选择、互动形式的设计、话题推广计划、用户反馈收集机制等多个方面。

提示词进阶

在构建提示词时，可以进一步细化策略内容，提高策略的针对性和实用性，示例如下。

Kimi，请帮我制定一份针对年轻女性群体的微博话题互动策略，策略需明确以下细节：①话题主题为"时尚搭配"，聚焦于年轻女性关心的服装、配饰搭配问题；②互动形式设计为"穿搭挑战赛"，鼓励用户上传自己的穿搭照片并邀请好友点赞；③推广计划结合节假日或热点事件，选择高人气KOL进行合作推广；④建立用户反馈群，实时收集用户意见和建议，用于策略的优化和调整；⑤确保所有内容均符合微博平台规定，同时注重保护用户隐私和数据安全。

3.6.2 实战：小红书探店笔记策划方案

小红书是一个以分享生活方式为主的社交平台，用户可以在平台上分享各种生活经验和消费心得。对于餐饮、旅游、美妆等行业来说，发布小红书笔记是一种非常重要的营销渠道。

场景

张小丽是一家餐厅的经理，该餐厅希望在小红书上发布一系列探店笔记，以吸引更多的用户前来体验。为了确保笔记的效果，张小丽需要制定一份详细的探店笔记策划方案。

提示词

请生成一份小红书探店笔记策划方案。方案应包括：①目标受众，如年轻女性、美食爱好者等；②笔记内容，如餐厅环境、菜品特色、服务体验等；③拍摄技巧，如光线、角度、构图等；④发布频率，如每周一篇等；⑤互动方式，如评论区互动、用户打卡有礼等；⑥效果评估，如笔记阅读量、点赞数、收藏数等。请确保方案具体、可行，能够有效提升用户的参与度和餐厅曝光率。

回答

以下是为您定制的小红书探店笔记策划方案。

1. 目标受众

● **年轻女性**：根据小红书用户画像分析，女性用户占比达 ×%，尤其是年轻人。

> ● 美食爱好者：小红书用户普遍重视生活品质，热衷于时尚、美妆、旅游、健身、家居装饰等与个人生活相关的内容，美食是其中重要的一部分。
>
> ......
>
> **6. 效果评估**
>
> ● 笔记阅读量：监测笔记的阅读量，了解内容的吸引力。
>
> ● 点赞数：通过点赞数评估用户对笔记内容的喜爱程度。
>
> ● 收藏数：通过收藏数评估用户对笔记内容的认可度和回访意愿。
>
> 通过上述方案，可以有效提升用户的参与度和餐厅曝光率，同时确保内容的质量和互动的有效性。

通过上述提示词，Kimi可以生成一份具体且可行的小红书探店笔记策划方案，帮助餐厅充分利用小红书等社交平台，提升餐厅的口碑和人气。

提示词进阶

在构建提示词时，应注重笔记内容的吸引力和互动性，确保能够吸引用户广泛关注和积极参与。示例如下。

请生成一份详细的小红书探店笔记策划方案，为高端餐厅策划一系列的探店笔记。方案需包括：①目标受众，如年轻女性、美食爱好者、高端消费者等；②笔记内容，如餐厅环境（装修风格、氛围）、菜品特色（推荐菜、制作工艺）、服务体验（服务员态度、用餐流程）等；③拍摄技巧，如利用自然光拍摄、选择合适的角度和构图、使用滤镜提升照片质感等；④发布频率，如每周发布一篇、每月发布四篇，保持稳定的更新节奏；⑤互动方式，如在评论区互动、邀请用户分享用餐体验、用户打卡有礼等；⑥效果评估，如笔记阅读量、点赞数、收藏数、用户评论数等。请确保方案具体、可行，能够有效提升用户的参与度和餐厅曝光率。

3.6.3 实战：今日头条爆款文章策划

今日头条是一个内容丰富、用户活跃的信息平台。内容创作者通过发布高质量的文章，可以迅速提升个人影响力和用户关注度。

场景
> 苏蓉是一名内容创作者，负责为今日头条平台策划和撰写文章，目标是打造爆款文章，提升个人影响力和用户关注度。

请帮我策划一篇今日头条爆款文章，要求如下：①选题需紧跟热点或具有独特视角，能够引发用户广泛关注和讨论；②文章内容需结构清晰，逻辑严密，包含引人入胜的开头、翔实的内容分析和有力的结尾；③配图需高清且与文章内容紧密相关，提升阅读体验；④文章需包含适当的互动元素，如投票、问答等，提升用户参与度；⑤分析目标用户群体，制定针对性的推广计划，确保文章能够触达目标受众。

选题策划：《元宇宙热潮：虚拟世界中的新机遇与挑战》

1. 引人入胜的开头

标题：《元宇宙：未来已来，你准备好了吗？》

开头内容："2024年，各大科技公司纷纷布局虚拟世界，元宇宙已经不再是科幻小说中的概念，而是正在逐步成为现实。那么，元宇宙究竟是什么？它将如何改变我们的生活？本文将带你一探究竟。"

……

通过以上策划，我们的目标是打造一篇既有深度又有广度的今日头条爆款文章，不仅能够吸引用户的广泛关注，还能够激发他们的讨论和参与，最终实现文章的高阅读量和高互动率。

通过上述提示词，Kimi 成功策划了一篇今日头条爆款文章，从选题、文章内容、配图到互动元素和推广计划，都经过了精心设计和优化。

提示词进阶

在构建提示词时，应进一步挖掘用户深层次需求，提升文章的独特性和吸引力，示例如下。

请帮我策划一篇针对年轻职场人群的今日头条爆款文章，选题需聚焦职场成长与自我提升，要求文章能够深入剖析职场中的痛点与机遇，并提供实用的解决方案和行动指南。同时，文章需结合当下流行的职场文化元素，如职场梗、励志故事等，提高内容的趣味性和共鸣度。配图需选用高清且富有创意的职场相关图片，增强文章的视觉效果。最后，制定针对性的推广计划，利用今日头条的推荐算法和社交分享功能，确保文章能够精准触达目标用户群体。

3.6.4 实战：喜马拉雅音频内容策划方案

喜马拉雅是一个广受用户欢迎的音频内容平台，用户可以通过该平台收听各种类型的音频内容，如有声图书、音乐等。通过精心策划音频内容，企业可以吸引更多的用户关注，提升品牌的知名度和影响力。

场景　李颖是一家健康食品公司的市场经理，公司希望在喜马拉雅上发布一系列关于健康生活方式的音频内容，以吸引更多的用户关注。

提示词　请生成一份喜马拉雅音频内容策划方案。方案应包括：①目标受众，如健康意识强的消费者、健身爱好者等；②内容主题，如健康饮食、运动养生、心理健康等；③内容形式，如访谈、讲座、故事等；④嘉宾选择，如营养师、健身教练、心理学家等；⑤发布频率，如每周一期等；⑥互动方式，如听众留言、互动问答等；⑦效果评估，如播放量、订阅数、用户反馈等。请确保方案具体、可行，能够有效提升音频内容的吸引力和用户互动效果。

回答

喜马拉雅音频内容策划方案

1. 目标受众

- 健康意识强的消费者：关注健康饮食和生活方式的成年人群。
- 健身爱好者：定期进行体育锻炼，追求健康体魄的年轻及中年人群。

……

- 增加听众的忠诚度和参与度。
- 通过互动和反馈，不断优化节目内容，提高用户满意度。

通过上述方案，我们期望能够打造既专业又具有吸引力的音频内容，为听众提供有价值的健康信息，同时促进用户之间的互动和交流。

通过上述提示词，Kimi可以生成一份具体且可行的喜马拉雅音频内容策划方案，帮助企业通过高质量的音频内容，提升品牌的知名度和用户关注度。

提示词进阶

在构建提示词时，应注重内容的创意性和与听众的互动，示例如下。

请帮我策划一档以"历史故事会"为主题的音频节目。节目需要符合以下要求：①针对对历史感兴趣的听众群体，特别是青少年和历史爱好者；②设计每期节目探讨一个历史事件或人物，以故事化的形式呈现；③制作结合历史事实和生动叙述的音频内容，增加听众的沉浸感；④优化节目的互动环节，如听众提问和历史知识小测验，以提高听众的参与度和节目的分享率。请确保节目内容具有创意、教育意义且能够吸引听众持续关注。

3.6.5　实战：直播带货脚本编写

直播带货作为一种新兴的电商模式，其脚本的策划对于提升销售转化率和用户互动率至关重要。本节介绍使用Kimi编写一个直播带货脚本，增强直播的吸引力和改善销售效果。

场景
　　林娜是一位直播带货主播，她计划在下一场直播中推广一款"保湿粉底液"，希望为这场直播编写一个吸引人的脚本。

提示词
　　请帮我为一场推广"保湿粉底液"的直播编写一个直播带货脚本。脚本需要包括：①介绍产品的特点（如成分、质地、遮瑕力、持久度、色号选择等）、使用方法、适用肤质、与同类产品相比的优势；②展示产品的实际操作和使用效果；③提供产品的优惠信息和购买方式；④与观众互动，回答观众问题并鼓励观众购买。请使用热情洋溢的语言，确保脚本内容具有说服力和吸引力。

回答

直播带货脚本：保湿粉底液

　　开场白：

　　亲爱的观众朋友们，大家好！非常感谢大家来到我们的直播间。今天，我要给大家带来一款超级好用的保湿粉底液，它不仅能让你的肌肤看起来完美无瑕，还能让你的肌肤保持水润一整天。接下来，就让我们一起揭开这款粉底液的神秘面纱吧！

　　……

　　● 如果你已经使用过这款粉底液，也欢迎分享你的使用心得，让更多的朋友了解它的神奇效果。

　　● 记住，美丽不等人，优惠更不等人，赶紧下单吧！

　　结束语：

　　感谢大家的观看和支持，希望这款保湿粉底液能为你的美丽加分。我们下次直播再见！记得关注我们的直播间，更多美妆好物等你来发现！

　　直播带货脚本的编写需要结合产品特点和观众心理。在Kimi生成脚本模板后，主播可以根据直播特点进行调整，确保脚本的有效性。

提示词进阶

　　在构建直播带货脚本编写提示词时，应更加详细地描述脚本的每个部分，例如详细介绍产品的成分、使用效果的具体展示方式等。示例如下。

　　请帮我撰写一个关于某系列美妆产品的短视频带货脚本。请放大商品的价值，激发观众的购买欲。脚本需包含：①直播的主题（某系列美妆产品，明确为 [具体产品名称] 产品）；②直播的开头，要能吸引观众的注意力，如展示一段精彩的美妆教程视频；③直播的主体内容，包括产品的介绍（详细介绍产品的成分、功效、适用肤质等），使用方法的详细说明，使用效果展示的具体方式（如通过模特演示或实际使用效果对比）等；④直播的结尾，要给观众留下深刻的印象，并鼓励观众购买，如给出购买链接和优惠信息，强调购买的紧迫性。

3.6.6 实战：抖音短视频分镜头脚本创作

抖音短视频以其短小精悍、易于传播的特点深受用户喜爱，分镜头脚本的创作对于提升视频质量和观看体验至关重要。

场景

刘洋是一个运动品牌的市场经理，公司最近推出了一款运动鞋。为了提高产品的市场认知度，刘洋希望在抖音上发布一系列高质量的短视频，吸引用户的关注和兴趣。

提示词

请创作一个运动鞋宣传的抖音短视频分镜头脚本。脚本需满足以下要求：①包含镜头序号、景别、画面内容、台词、时长、音乐及音效；②视频开头要以独特的方式吸引观众注意力，如惊艳的视觉效果、有趣的情节等；③中间部分要突出运动鞋的特点（如设计亮点、科技应用、穿着舒适度等），可以通过不同景别和拍摄手法展示；④结尾部分要有一个令人印象深刻的收尾，如精彩的动作片段、品牌标识展示等，引导观众关注品牌或购买产品。

回答

抖音短视频分镜头脚本：运动鞋宣传

一、视频开头

镜头一：特写

- 景别：特写。
- 画面内容：一只新款运动鞋，从空中缓缓落下，鞋底与地面接触的瞬间，溅起水花。
- 台词：无。

……

镜头九：结束

- 景别：全景。
- 画面内容：品牌标识和购买链接。
- 台词：（旁白）"立即关注××品牌，开启你的舒适之旅。"
- 时长：2秒。
- 音乐及音效：轻柔的结束音乐，提示观众关注和购买。

通过上述提示词，Kimi生成了一个抖音短视频分镜头脚本，用户可以根据脚本进行视频拍摄与剪辑。

提示词进阶

在构建提示词时，应注重脚本的创新性和吸引力，提高视频的传播效果和用户参与度，示例如下。

请帮我创作一个针对年轻女性的抖音短视频分镜头脚本，主题为"时尚穿搭秘籍"。要求脚本符合以下要求：①开头部分采用时尚快闪的方式，快速吸引用户注意；②主体部分通过多个分镜头展示不同场合的穿搭，每个分镜头需设计独特的拍摄角度和景别变化；③旁白文案需简洁、明了，突出穿搭的亮点和技巧；④设计互动环节，如"猜猜这件衣服的价格""穿搭挑战"等，提高用户参与度；⑤结尾部分需引导用户关注品牌账号并参与后续活动。同时，确保脚本内容符合抖音平台规定，注重保护用户隐私和数据安全，确保短视频内容积极向上、健康有益。

3.7　求职与招聘文案

在求职与招聘过程中，精准、吸引人的文案起着至关重要的作用。本节将针对求职者和招聘方的需求，借助Kimi提供一系列实用的文案创作指导，提高求职者的求职成功率，同时帮助招聘方吸引合适的人才，优化招聘流程。

3.7.1　实战：个人简历的制作

个人简历是求职者向用人单位展示自己的重要文件，一份精心制作的简历能够突出个人优势、吸引招聘方的关注、增加获得面试的机会。

场景　叶韩是一名即将毕业的大学生，专业是计算机科学与技术。他希望制作一份简历，用于申请软件开发工程师岗位，目标公司主要是互联网科技企业。

提示词　请帮我生成一份个人简历，用于申请软件开发工程师岗位。简历需包含：①个人基本信息；②教育背景；③专业技能，列举掌握的编程语言、开发工具、数据库等；④项目经历，详细描述参与的项目名称、项目时间、项目职责、项目成果等；⑤实习经历，阐述实习单位、实习时间、实习岗位、实习内容和收获；⑥获得的证书和荣誉，如计算机等级证书、奖学金等；⑦自我评价，突出自己的专业能力、团队协作精神、学习能力等优势，证明自己与软件开发工程师岗位相匹配。

K
回答

个人简历

个人信息：

- 姓名：[您的姓名]。
- 性别：[您的性别]。
- 出生年月：[您的出生年月]。
- 联系电话：[您的联系电话]。

……

自我评价：

作为一名软件开发工程师，我具备扎实的计算机科学基础知识和丰富的编程实践经验。我对新技术充满热情，能够快速学习和适应新工具和编程语言。在团队合作中，我能够积极沟通，有效协作，和团队成员共同推动项目进展。我注重代码质量，擅长编写可读性强、易于维护的代码。我相信，我的专业能力和团队精神将使我成为贵公司的一员。

根据上述提示词，Kimi可以生成一个简历模板。在实际操作中，用户需根据实际情况调整上述模板中的具体内容，如添加更多细节或根据个人特色进行调整，以确保简历的真实性和吸引力。

提示词进阶

构建个人简历提示词时，应更加详细地描述简历的每个部分。例如，在工作经历中详细描述项目经历和取得的成果，在技能特长中详细说明技能的熟练程度等。示例如下。

请帮我撰写一份个人简历，用于应聘市场营销经理岗位。简历需包含：①个人信息（姓名：叶韩；联系方式：123456789；电子邮箱：wang**@example.com）；②教育背景（学校名称：××大学；专业：市场营销；学历：本科；毕业时间：2022年）；③工作经历（公司名称：××公司；职位：市场营销专员；工作时间：2022—2024年；工作职责：负责市场调研、活动策划等；工作成果：成功策划并执行了××活动，让公司的市场占有率提升了××%）；④技能特长（专业技能：精通市场调研方法、熟练掌握活动策划技巧；语言技能：英语六级；计算机技能：熟练使用办公软件）；⑤个人简介：我是一名具有两年市场营销经验的专业人员，熟悉市场运作规律，具备较强的团队协作能力和创新精神，有能力胜任市场营销经理岗位。

3.7.2　实战：简历投递话术

简历投递是求职过程中的重要环节，合适的简历投递话术不仅能够提高简历的投递效率，还能够给招聘方留下良好的第一印象。

场景

曹正宇正在寻找新的工作机会，他需要构思简历投递话术，以表达自己对职位的兴趣和与职位的适配性。

提示词

请帮我生成简历投递话术，内容包括：①表达对职位的兴趣和热情；②简要介绍自己的专业背景和工作经验；③突出自己与职位相关的技能和成就；④表达希望获得面试机会的愿望和感谢。请使用礼貌且自信的语言风格，并确保话术的专业性。

回答

尊敬的[招聘经理/HR姓名或职位]，

您好！

我是[您的姓名]，一名对[行业名称]充满热情的专业人士。得知贵公司正在寻找一名[具体职位名称]，我对此职位非常感兴趣，并相信我的专业背景和工作经验将使我成为这一角色的理想人选。

……

祝愿[公司名称]事业蒸蒸日上，再创佳绩！

[您的姓名]

[您的联系电话]

[您的电子邮箱地址]

[日期]

通过上述提示词，Kimi生成了简历投递话术，帮助用户在投递简历时给招聘方留下良好的第一印象。

💡 提示词进阶

在构建提示词时，应注重话术的专业性和真诚性，确保能够有效吸引招聘方的注意。示例如下。

请生成简历投递话术，帮助我在应聘市场营销经理职位时更加自信和专业。内容包括：①邮件主题；②开头问候；③自我介绍，如"我是××，毕业于××大学市场营销专业，目前在某科技公司担任市场专员"；④求职动机，如"我看好贵公司的市场战略和发展前景，希望能在这个职位上发挥我的专业能力，实现个人职业规划"；⑤简历亮点，如"我有3年的市场营销经验，曾成功策划并执行多个大型营销活动，具备出色的市场分析和项目管理能力"；⑥结尾致谢。请确保话术专业、真诚，能够有效吸引招聘方的注意。

3.7.3　实战：HR面试模拟

HR（Human Resource，人力资源）面试模拟是求职者准备求职过程中的重要环节，它可以帮助求职者熟悉面试流程和应对可能的问题，增强求职者面试时的自信心和应对能力。

场景

王强是一名即将参加HR面试的求职者，他希望通过模拟面试来提高自己的面试表现，特别是在回答常见面试问题和展示个人优势方面。

提示词

请根据我的简历资料，帮我模拟一次HR面试，内容包括：①面试开场的自我介绍；②针对简历中工作经验和技能的提问；③常见的行为面试问题，如团队合作和解决问题的能力；④对职位和公司的提问环节。请使用专业且具有引导性的语言风格，并确保面试的真实性和互动性。

回答

当然，我们可以进行一次模拟的HR面试。以下是面试的流程和可能的问题：

面试开场的自我介绍

HR：王强先生，您好，我是公司的人力资源经理。非常感谢您今天能来参加面试。在开始之前，我想请您简单介绍一下自己，包括您的教育背景和工作经历。

王强：您好，很高兴有机会参加这次面试。我叫王强，来自北京，是北京大学管理学硕士。在校期间，我积极参与各类学术和实践活动，获得了多次奖学金和多种竞赛奖项。

……

HR：这个职位主要负责产品的规划和管理，我们公司希望候选人能够带来创新的想法，并推动产品的持续改进。至于职业发展，我们公司提供定期的培训和职业规划指导，帮助员工实现个人和职业的成长。

希望这次模拟面试能够帮助您更好地准备实际的面试。祝您面试成功！

通过上述提示词，Kimi可以为用户提供HR面试模拟，帮助用户在实际面试前做好充分准备。

在构建提示词时，应注重面试问题的多样性和深度，示例如下。

请根据简历资料，帮我模拟一次针对销售经理职位的HR面试。面试需要包括以下内容：①开场的自我介绍和暖场问题；②针对我在销售领域的经验和业绩的具体提问；③行为面试问题，如描述一个成功的销售案例和如何应对棘手的客户；④对销售策略和市场趋势的理解。请确保模拟面试内容深入、专业，能够帮助我更好地准备实际面试。

3.7.4 实战：职位信息描述

职位信息描述是招聘过程中的重要环节，一份详细且准确的职位信息描述不仅能够吸引合适的求职者，还能够提高招聘方的招聘效率。

场景

刘芳菲是一家公司的招聘经理，公司需要招聘一名软件开发工程师，她需要为该职位撰写一份精准的职位信息描述，以吸引合适的求职者并提高招聘效率。

提示词

请生成一份软件开发工程师的职位信息描述。描述应包括：①岗位职责；②任职要求；③福利待遇；④申请方式等。请确保描述详细、准确，能够吸引合适的求职者。

回答

职位信息描述：软件开发工程师

1. 岗位职责

● 软件开发与维护：负责公司软件产品的设计、开发和维护工作，确保代码质量和产品按时交付。

● 技术研究与创新：跟踪最新的软件开发技术和工具，评估并引入适合的技术以提升产品性能和用户体验。

……

● 面试流程：我们会在收到申请后的两周内对合适的候选人进行初步筛选，并安排面试。

● 加入我们：我们期待有才华、有激情的您加入我们的团队，一起推动技术的发展和创新！

通过上述提示词，Kimi可以生成一份精准的职位信息描述，用户可以根据实际需求进行调整和优化。

提示词进阶

在构建职位信息描述提示词时，应专注于如何通过职位描述展现职位的重要性和公司的吸引力，示例如下。

请帮我撰写一份职位信息描述，用于招聘软件工程师。描述需要包括以下内容：①职位基本信息，如"软件工程师，技术部，汇报工作情况给技术总监"；②主要工作职责，如"负责软件开发、测试和维护"；③职位要求，如"计算机相关专业本科以上学历，3年以上相关工作经验"；④个人素质，如"优秀的团队合作精神和沟通能力"；⑤工作条件，如"全职，公司总部，偶尔出差"；⑥申请流程和截止日期，如"请通过公司网站提交简历，截止日期为[日期]"。请确保职位信息描述内容全面，语言风格正式且吸引人。

3.7.5　实战：新员工入职指导手册

新员工入职指导手册是帮助新员工快速融入公司、了解公司文化、熟悉工作流程和职责的重要工具。

场景

赵刚是一家公司的人力资源经理，他需要制作一份新员工入职指导手册，以帮助新员工快速了解公司和工作内容。

提示词

请根据文档资料，帮我制作一份新员工入职指导手册，内容包括：①公司简介和文化；②入职流程和手续；③工作职责和期望；④公司政策和福利；⑤常用联系人和资源。请使用友好且易于理解的语言，并确保手册的实用性和指导性。

回答

新员工入职指导手册

欢迎加入××科技有限公司！

××科技有限公司是一家全球领先的AI软件开发及应用的创新型企业。我们非常高兴您能成为这个大家庭的一员，本手册将帮助您快速了解公司文化、入职流程、工作职责、公司政策和福利，以及如何快速融入我们的团队。

……

内部资源：

● 公司内部网提供政策手册、培训资料等。

再次欢迎您的加入，我们期待与您一起创造更加辉煌的未来！

通过上述提示词，Kimi能够制作出一份实用的新员工入职指导手册，帮助新员工在入职过程中快速了解公司和工作内容。

提示词进阶

在构建提示词时，应注重手册内容的全面性和易用性，示例如下。

请根据文档资料，帮我制作一份针对新入职销售代表的入职指导手册。手册需要包括以下内容：①公司简介，包括历史、愿景和核心价值观；②详细的入职流程，包括报到、培训和工作分配；③销售代表的工作职责和业绩目标；④公司的休假政策、健康保险和其他福利；⑤销售团队的常用联系人和资源，如销售工具和市场资料。请确保手册内容全面、实用，能够帮助新员工快速适应新环境。

3.8 AI 编程支持

在技术驱动的时代，AI 编程支持成为提升开发效率和代码质量的重要工具。本节主要介绍 Kimi 在 AI 编程方面的应用，通过实战案例展示其强大功能，帮助用户学习使用 Kimi 提高编程效率和代码质量。

3.8.1 实战：准确解释代码

准确解释代码是理解和维护现有代码的基础。无论是初学者还是经验丰富的开发者，都需要清晰地理解代码的逻辑和功能。

场景 │ 李昊是一名新加入项目的软件开发者，他需要理解现有代码库中的一段关键代码，以便进行后续的维护和开发工作。

提示词

```
Kimi，请详细解释下方的代码。
def calculate_average(numbers):
    if not numbers:
        return 0
    total = sum(numbers)
    average = total / len(numbers)
    return average
```

K
回答

这段代码定义了一个名为calculate_average的函数，其目的是计算一个数字列表（numbers）的平均值。下面是对这段代码的详细解释。

1. def calculate_average(numbers): 这是函数的定义。def是定义函数的关键字，calculate_average是函数的名称，numbers是函数的参数，表示这个函数接收一个参数，即一个数字列表。

……

总结来说，这个函数接收一个数字列表作为输入，如果列表为空则返回0，否则计算列表中数字的总和，然后除以列表中数字的数量，得到平均值并返回。这是一个简单但实用的函数，可以用于计算任何数字列表的平均值。

通过上述提示词，Kimi可以生成一段代码的详细解释，帮助开发者更好地理解代码的逻辑和功能。

提示词进阶

在使用Kimi解释代码时，构建提示词应注意提供足够的代码上下文和具体需求，详细描述需要解释的代码段和关注点，同时可以提供一些代码示例和预期的输出，供Kimi参考。示例如下。

请帮我解释以下代码段，它实现数据排序的功能。解释需要包括：①功能描述，解释代码的主要作用；②逻辑流程，概述代码的执行顺序和排序算法；③关键变量和函数，指出代码中重要的变量和函数及其作用；④可能的问题和改进建议，分析代码中可能存在的问题并提出改进建议。代码如下：（略）。

3.8.2 实战：通过注释生成代码片段

通过注释生成代码片段是提高编程效率的一种有效方法。用户可以在注释中描述所需的功能，然后利用Kimi自动生成相应的代码。

场景

高帅需要编写一个函数来计算商品的最终价格，需考虑折扣和税费。他已经写好了函数的注释，需要根据注释生成代码。

提示词

根据以下注释，使用Python生成相应的代码片段：
计算商品的最终价格，包括折扣和税费
参数
original_price: float，商品的原价

```
#    discount_rate：float，折扣率，例如 0.2 代表 20% 的折扣
#    tax_rate：float，税率，例如 0.1 代表 10% 的税
# 返回
#    final_price：float，考虑折扣和税费后的最终价格
请使用高效且易于维护的代码，并确保代码的正确性和与注释的一致性。
```

Kimi 生成的代码如下图所示。

回答

```Python
def calculate_final_price(original_price, discount_rate, tax_rate):
    """
    计算商品的最终价格，包括折扣和税费。

    参数:
    original_price (float): 商品的原价
    discount_rate (float): 折扣率，例如0.2代表20%的折扣
    tax_rate (float): 税率，例如0.1代表10%的税

    返回:
    float: 考虑折扣和税费后的最终价格
    """
    # 计算折扣后的价格
    discounted_price = original_price * (1 - discount_rate)

    # 计算税费后的价格
    final_price = discounted_price * (1 + tax_rate)

    return final_price
```

通过上述提示词，Kimi 根据注释生成了相应的代码片段，帮助用户快速实现函数编写。

提示词进阶

在构建提示词时，应注重代码实现的准确性和注释的详细性，示例如下。

请帮我根据以下注释生成一个 Python 函数的代码：（略）。

生成的代码需要包括：①函数定义和参数；②计算打折后的价格；③计算税费并加到打折后的价格上；④返回最终价格。请确保代码实现准确、高效且注释详细。

3.8.3　实战：代码的错误修复

代码的错误修复是开发过程中常见的任务。通过使用 Kimi，用户可以快速定位和修复代码中的错误，提高代码质量和开发效率。

场景　王磊正在调试一个API。在测试过程中，他发现了一个错误，需要尽快修复。为了提高修复效率，王磊希望使用Kimi生成错误修复方案。

提示词　请为下面的代码提供错误修复方案。在测试过程中，当user_id不存在时，返回的字符串"User not found"不符合API规范，API应该返回一个JSON格式的错误信息。

代码如下：

```
def get_user_info(user_id):
    user = User.query.filter_by(id=user_id).first()
    if user:
        return user.to_dict()
    else:
        return "User not found"
```

Kimi生成的错误修复方案如下图所示。

回答

为了符合API规范，当 user_id 不存在时，我们应该返回一个JSON格式的错误信息。我们可以使用Python的 json 模块来创建一个JSON响应。以下是修复后的代码：

```Python
import json
from flask import Flask, jsonify

app = Flask(__name__)

class User:
    # 假设User被赋予一个query属性和一个to_dict方法
    query = ...
    def to_dict(self):
        return ...

def get_user_info(user_id):
    user = User.query.filter_by(id=user_id).first()
    if user:
        return jsonify(user.to_dict())
    else:
        # 当user_id不存在时，返回一个JSON格式的错误信息
        error_response = {
            "error": "User not found",
            "status_code": 404
        }
        return jsonify(error_response), 404
```

在这个修复方案中，我们使用了 jsonify 函数来创建一个JSON响应。当 user_id 存在时，我们返回用户的字典表示；当 user_id 不存在时，我们创建一个包含错误信息的字典，并使用 jsonify 函数将其转换为JSON响应。我们还设置了HTTP状态码为404，表示资源未找到。

注意：这个修复方案假设你正在使用Flask框架。如果你使用的是其他框架，可能需要进行一些调整。

通过上述提示词，Kimi帮助用户快速修复代码中的错误。

97

提示词进阶

　　在构建提示词时，可以提供更多代码的功能扩展需求和错误处理的优化建议，例如增加平方运算和开方运算的功能（功能扩展需求）以及优化错误提示信息的显示方式（错误处理的优化建议）。示例如下。

　　请分析下方代码并修复除法运算错误，同时需要增加平方运算和开方运算的功能，优化错误提示信息的显示方式。在修复除法错误时，不仅要处理除数为 0 的情况，还要按照优化建议改正错误提示信息的格式。在增加功能方面，扩展 switch 语句以实现平方运算和开方运算，详细说明新增功能的实现方式以及与原有功能的兼容性，使代码更加完善和强大。

## 第 4 章

学习跃升：Kimi知识赋能站

随着AI技术的飞速发展，Kimi为学习领域带来了创新性的变革。本章将深入探讨Kimi在知识获取、互动式学习、数学公式、学术论文、成长规划、育儿助手以及心理健康等方面的应用，助力用户在各个领域实现知识的深度理解和能力的提升，从而赋能用户的学习、工作和生活。

4.1　知识获取

知识获取是个人成长和职业发展的重要基石。通过高效的知识获取方式，个人可以不断提升自身的综合素质和专业能力。本节将介绍如何利用Kimi实现知识的系统化和专业化积累。

4.1.1　实战：解读复杂的词汇或概念

在学习与工作中，我们常常会遇到复杂的词汇或概念，理解它们对于知识的掌握和应用至关重要。Kimi可以快速且准确地解读复杂的词汇或概念，提升用户的认知效率。

场景　张涛是一名大学生，在阅读专业图书时遇到了"机会成本"这个复杂的概念，书中的解释较为晦涩、难懂。

提示词　请详细解读"机会成本"这个概念，包括其定义、基本原理、在实际中的应用等。解释需通俗易懂，便于非专业人士理解。

回答

机会成本的定义

简单来说，就是如果你选了A，那么为了A而放弃的B中最好的那个价值，就是机会成本。

基本原理

……

机会成本帮助我们理解决策的全面影响，因为它让我们考虑到了被放弃的选择的价值。在做出决策时，考虑机会成本可以帮助我们做出更全面、更明智的选择。

通过上述提示词，用户可以获得对复杂的概念的详细解读，包括定义、基本原理等，这有助于用户更好地理解概念。

提示词进阶

在构建提示词时，应进一步细化需求，例如指定解读的深度、举例说明等，示例如下。

请深入解读"区块链"概念，详细阐述其去中心化原理，举例说明其在金融、物流等至少3个领域的具体应用，对比其与传统数据库的差异，解读深度要适合计算机相关专业大二学生的水平。

4.1.2 实战：梳理历史文化知识脉络

梳理历史文化知识脉络能够帮助人们系统地了解历史事件和文化发展的过程，从而形成更为全面的历史观和文化观。

场景　姜平是一名历史爱好者，想要了解中国古代书法艺术的发展脉络，包括各朝代的主流字体、代表书法家及其代表作的特点、书法风格的演变等。

提示词　请帮我梳理中国古代书法艺术从先秦到清代的发展脉络，详细介绍每个朝代的主流字体，列举至少两位代表书法家及其代表作的特点，阐述书法风格是如何演变的。

回答　中国古代书法艺术的发展脉络从先秦到清代，经历了多个阶段，每个朝代都有其主流字体和代表书法家。以下是详细梳理。

一、先秦时期

1.主流字体：甲骨文和金文（大篆）

● 甲骨文是商代后期的文字，具备了汉字的形、音、义诸要素，其书写技巧和工具的运用显示出了某种程度的完美。

......

书法风格的演变是一个由繁到简的过程，从甲骨文的古拙到小篆的规范，再到隶书的方正，楷书的严谨，行书的流畅，草书的自由，每一步都体现了书法艺术的发展和书法家们对美的追求。

通过上述提示词，Kimi为用户梳理了历史文化知识脉络，帮助用户构建起完整的历史知识框架。另外，用户还可以发送提示词要求Kimi生成流程图、脑图、树状图等，以帮助自己更清晰地掌握知识脉络。例如发送"以脑图的形式展示上述内容"提示词，Kimi将以脑图的形式展示回答，如下页图所示。用户可以按需选择，复制或下载结果。

下面是使用Mermaid语法创建的脑图，展示了中国古代书法艺术从先秦到清代的发展脉络，包括每个朝代的主流字体、代表书法家及其代表作的特点，以及书法风格的演变。

代码	预览		查看大图	下载	复制

这段代码使用Mermaid语法创建了一个思维导图，展示了中国古代书法艺术的发展脉络。每个朝代下都列出了主流字体和代表书法家，以及他们的代表作。这种图形化的表示方式有助于更直观地理解书法艺术的演变过程。

复制　重式　分享

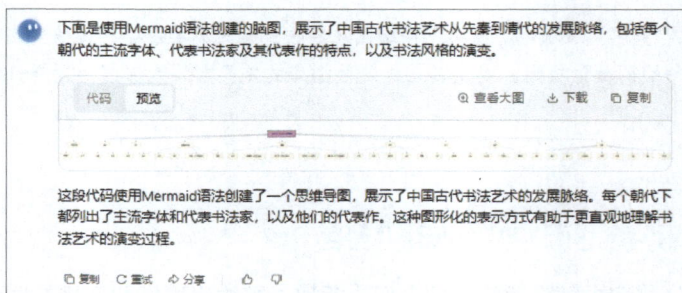

4.1.3　实战：整理学习笔记和总结

整理学习笔记和总结是学习过程中的重要环节，有助于巩固记忆和深化理解。本节使用Kimi来整理学习笔记和总结，以便用户能够更高效地复习和准备考试。

场景　周科刚上完一节关于经济学原理的课程，课程内容包含供求关系、边际效应、市场结构等多个知识点，他希望整理出清晰的学习笔记和总结，方便复习和准备考试使用。

提示词　请根据提供的学习笔记文档，帮我整理学习笔记内容和进行总结，并对提取的信息进行归类，确保内容条理清晰、易于理解。

（上传学习笔记文档）

回答　根据您提供的学习笔记文档，我对内容进行了整理和总结，并按照不同的主题进行了归类和整理。以下是内容的条理化展示。

一、供求关系

1.需求

（1）定义：消费者在一定时期内愿意并且能够购买的商品或服务的数量。

（2）影响因素。

● 商品自身价格：价格与需求量呈反向变动（需求定理）。

● 消费者收入：正常品随收入增加需求增加，劣等品则相反。

……

（2）合谋行为。

● 卡特尔：企业通过协议共同限制产量、提高价格以获取垄断利润，但这种合谋不稳定，因为各企业有违背协议以获取更大利益的动机。

以上是对学习笔记内容的整理和总结，希望这样的归类和整理能够帮助您更清晰、更容易地理解这些经济学概念。

通过上述提示词，Kimi能够进行学习笔记的整理和总结。整理完毕后，用户还可以让Kimi基于整理结果生成相关习题，帮助用户更高效地复习和准备考试。

提示词进阶

在构建提示词时，可要求Kimi对知识点进行关联分析，示例如下。

请根据提供的图片，帮我整理关于物理学中力学部分的学习笔记，涵盖牛顿定律、动能定理等知识点，不仅要有定义、公式推导、实例，还要分析各知识点之间的联系，最后给出整体的总结和学习建议。

4.2 互动式学习

互动式学习通过技术手段提高学习者的参与度和学习效率，使学习过程更加生动有趣。Kimi在这一领域发挥着重要作用，可以实现模拟专家解答学习难题、辅助文言文的翻译与生成个性化练习题及解析等。

4.2.1 实战：模拟专家解答学习难题

在学习过程中遇到难题时，学习者若能获得专家的解答，将极大地加快学习进程。Kimi可以模拟专家，为用户提供精准且深入的解答。

场景

陈以恒是一名市场部的新员工，他正在学习如何进行有效的社交媒体营销，但遇到了一些理论与实践结合相关的难题。

提示词

请模拟一位资深社交媒体营销专家，帮我解决以下问题：我在学习如何制定社交媒体营销策略时，发现很难将理论知识应用于实际案例中，比如如何选择合适的平台、确定目标受众以及制定内容计划等，请给出一些建议。

回答

作为一位资深社交媒体营销专家，我理解将理论知识转化为实际应用可能会有些挑战。以下是一些实用的建议，帮助您更好地制定和实施社交媒体营销策略。

1.了解您的品牌和产品
- 明确您的品牌定位、产品特性以及您希望传达的核心信息。
……
11.实验和创新
- A/B 测试：对不同的内容、广告文案和图像进行 A/B 测试，找到最佳方案。
- 新功能尝试：勇于尝试社交媒体平台推出的新功能。

记住，社交媒体营销是一个动态的过程，需要不断地测试、学习和调整。通过实践，您将逐渐掌握如何将理论知识应用于实际案例中。不要害怕犯错，每次尝试都是学习和进步的机会。

通过上述提示词，Kimi 模拟了特定领域的专家，在对话过程中能够针对用户的问题提出建议，以解决用户在学习过程中遇到的难题。

提示词进阶

在构建提示词时，可以进一步明确问题所涉及的领域和应用场景，示例如下。

请作为金融投资领域的专家，针对我在股票投资分析中遇到的如何评估公司财务状况这一问题，提供详细的解答。解答需包括从资产负债表、利润表等主要财务报表角度出发的分析思路，结合实际案例（如某知名上市公司的财务数据）进行的分析。同时，解答语言要风趣幽默、通俗易懂，避免使用过于复杂专业的术语。

4.2.2 实战：辅助文言文的翻译

文言文是中国古代文学的重要组成部分，但其语言结构和表达方式与现代文学有很大的不同。通过 Kimi 辅助文言文的翻译，学生能够更好地理解古代文献，提升文学素养。

场景

蒋歌是一名中文系的学生，他在阅读《史记》时遇到了难以理解的文言文段落。他需要一个工具来帮助他翻译和理解这些文言文。

提示词

请帮我翻译并解释这段文言：“非好学深思，心知其意，固难为浅见寡闻道也。”

回答

翻译：
如果不是真正热爱学习并且深入思考，内心真正理解其中的含义，那么就很难用浅薄的见解和有限的知识来阐述它。

解释：

非好学深思：

"非"表示"如果不是"；"好学"指热爱学习，愿意主动去探索知识；"深思"则是指深入思考，不仅仅停留在表面，而是探究事物的本质和内涵。这句话强调了学习和思考的重要性，只有通过主动学习和深入思考，才能真正理解知识。

……

整体含义：

这句话强调了学习和思考的重要性，指出只有真正热爱学习、深入思考，并且真正理解事物的本质，才能避免用肤浅的见解和有限的知识去错误地解释问题。它提醒人们要不断追求深度和广度，避免浅尝辄止。

通过上述提示词，Kimi能够辅助文言文的翻译，帮助用户跨越语言差异，深入理解古代文献。

提示词进阶

在构建提示词时，要特别注明希望实现的翻译方式（直译或意译），以及是否需要附加注释说明。示例如下。

请将《红楼梦》中林黛玉初次见到贾宝玉时的对话片段翻译成白话文，采用意译的方式呈现，并附上对该场景的文化背景的解释。

4.2.3　实战：生成个性化练习题及解析

个性化练习题是提高学习效率和学习针对性的有效手段。本节将介绍如何使用Kimi生成个性化练习题及解析，以满足不同用户的学习需求。

场景

魏明正在备考注册建筑师，他希望通过做一些练习题来检验自己对建筑设计原理的理解，并希望得到详细的解析。

提示词

请根据注册建筑师考试大纲，围绕"建筑设计原理"这一主题生成一套包含10道选择练习题，并附带每道题的解析。

回答

以下是围绕"建筑设计原理"这一主题的10道选择练习题，以及每道题的解析。

1.题目：建筑设计中，以下哪项不是建筑功能分区的基本原则？

A. 功能分区明确

B. 交通流线合理

C. 外观造型独特

D. 空间组织有序

……

答案：C。

解析：建筑通风设计需要考虑的因素包括通风口位置、空气流通路径和空气净化设备。建筑高度虽然对建筑内部的通风有一定影响，但不是通风设计需要考虑的主要因素。这些题目和解析可以帮助考生更好地理解和掌握建筑设计原理的相关知识。

通过上述提示词，用户可以获得针对特定考试科目的个性化练习题及解析，可以加深对知识点的理解，并为即将到来的考试做好充分准备。

提示词进阶

在构建提示词时需明确指出希望覆盖的具体知识点（如建筑结构设计、材料选择等）以及题目难度级别，以便 Kimi 生成更加贴合实际需求的练习题。示例如下。

请根据注册建筑师考试中"建筑结构安全与抗震设计"的要求，创建一组包含 8 道选择题和 2 道简答题的练习题。题目难度应设置为中级到高级，确保题目涵盖不同类型的结构体系及其抗震性能分析。同时，请提供详尽的解析，包括相关理论依据和计算过程，以帮助我深入理解和掌握这部分内容。

4.3　数学公式

在学术研究和教育领域，数学公式的精确表达至关重要。Kimi"长思考(k1.5)"模型为解决复杂的数学公式转换和数学公式理解等难题提供了强有力的支持。

4.3.1　实战：将公式转换为 LaTeX 格式

在论文写作和学术交流中，LaTeX 是一种被广泛使用的排版系统，特别适用于数学公式的展示。将普通公式的格式转换为 LaTeX 格式，可以确保公式的清晰性和专业性。

场景

研究生唐一飞在撰写科研论文时，需要将文中的数学公式转换为LaTeX格式，以便在论文中正确排版。

提示词

请将以下矩阵运算公式转换为LaTeX格式。

矩阵乘法：AB=C。

矩阵行列式：det(A)。

在输入框中选择【长思考(k1.5)】选项。

Kimi可将上述公式转换为LaTeX格式，如下图所示。

回答

以下是将矩阵运算公式转换为LaTeX格式的结果：

矩阵乘法：

latex　　复制

```latex
\mathbf{A} \mathbf{B} = \mathbf{C}
```

矩阵行列式：

latex　　复制

```latex
\det(\mathbf{A})
```

如果您需要在LaTeX文档中使用这些公式，可以将它们放在数学环境中。例如：

latex　　复制

```latex
\documentclass{article}
\usepackage{amsmath}

\begin{document}

矩阵乘法：
\[
\mathbf{A} \mathbf{B} = \mathbf{C}
\]

矩阵行列式：
\[
\det(\mathbf{A})
\]

\end{document}
```

这段代码展示了如何在LaTeX文档中使用这些矩阵运算公式。

通过上述提示词，Kimi可以快速将公式转换为LaTeX格式。

提示词进阶

对于复杂的公式，用户无法在输入框中直接输入，则可以通过上传附件实现。用户在构建提示词时应明确指出公式的来源（如图片、PDF文档）及其复杂程度，以确保生成的LaTeX代码准确无误。示例如下。

请将文档中的公式转换为LaTeX格式，确保转换后的公式能够准确无误地在LaTeX文档中排版显示。

4.3.2 实战：解读复杂的数学公式

"长思考(k1.5)"模型是一款基于强化学习技术打造的先进AI工具，它应用了端到端图像理解技术和思维链技术。用户可以通过拍照或上传图片的方式，让Kimi"长思考(k1.5)"模型直接处理图像信息，并进行深度分析和推理以得出答案，尤其适用于解决数学、物理以及化学等学科的问题。下面以解读复杂的数学公式为例，介绍其功能。

场景　　金景在学习数学时遇到正态分布的概率密度函数，感到十分困惑，不清楚公式中各个符号的含义、适用条件以及其意义。

提示词　　解读图中的数学公式以及使用场合。

下面使用Kimi"长思考(k1.5)"模型解读复杂的数学公式。

选择Kimi"长思考(k1.5)"模型，将要解读的公式图片拖曳至输入框中，然后输入提示词，单击【发送】按钮，如右上图所示。

Kimi"长思考(k1.5)"模型即可识别图片并解读该公式，如右图所示。

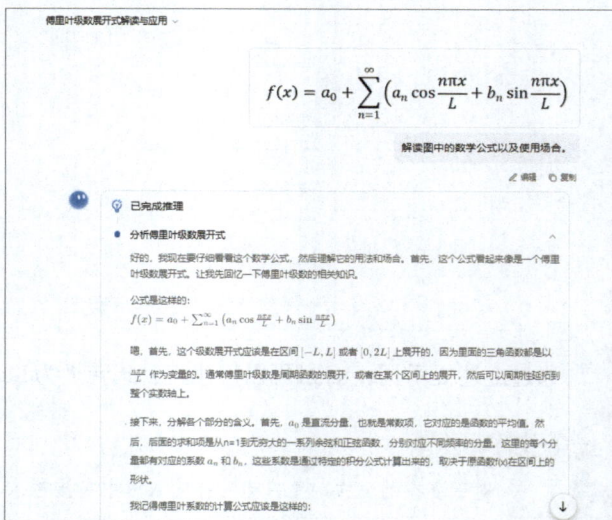

除了解读复杂的数学公式，Kimi"长思考(k1.5)"模型还可以帮助用户解决数理化等各学科的疑难练习题，解读复杂的图表，分析复杂的图片，进行其他各类视觉分析工作。

在构建提示词时，可以要求对公式进行深度剖析和分析其实际应用场景，提供多样化分析角度，示例如下。

请详细解读图中数学公式的推导过程、关键变量的含义及其在不同学科中的具体应用，并给出至少两个不同场景下的应用实例。

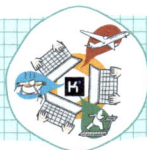

4.4　学术论文

学术论文是科研成果的重要载体，撰写高质量的学术论文对于学者来说至关重要。通过AI技术，可以有效地提高论文的质量和影响力。本节将介绍如何利用Kimi协助确定科研选题、优化论文逻辑结构、管理引用与参考文献、检查和校对论文内容，从而提升学术论文的整体质量。

4.4.1　实战：协助确定科研选题

确定科研选题是撰写学术论文的起点，一个好的选题决定了学术论文的研究方向和价值。Kimi能够依据学科领域、科研人员的研究方向和前沿趋势等因素，协助科研人员确定合适的选题。

场景　姚芳是一名环境科学专业的研究生，她对环境污染治理方向感兴趣，但不清楚当前该领域有哪些具体且有研究价值的选题。

提示词　请根据环境科学专业中环境污染治理方向，结合当前的研究热点和实际需求，提供5个具体的科研选题，并简要说明每个选题的研究意义、创新点和预期研究成果。

回答　以下是5个环境科学专业中环境污染治理方向的具体科研选题，结合了当前的研究热点和实际需求。

1. 微塑料污染的环境归趋和生态毒理研究
- 研究意义：微塑料污染是近10年来的研究前沿，对环境和生态安全构成威胁。
- 创新点：探究微塑料在不同环境介质中的迁移转化规律及其对生态系统的潜在影响。
- 预期研究成果：提出有效的微塑料污染控制策略和生态风险评估方法。

......

- 创新点：开发适用于钢铁行业复杂烟气的污染物深度净化技术，实现能源高效利用与副产物资源化。
- 预期研究成果：形成一套钢铁行业烟气超低排放技术体系，为大气污染防治提供技术支撑。

这些选题紧密贴合当前环境科学领域的研究热点和实际需求，具有重要的科学价值和应用前景。

在使用Kimi协助确定科研选题时，用户可以明确自己的专业领域和研究方向，要求Kimi结合研究热点和实际需求提供多个选题，并阐述其关键要素，这样有助于用户从多个角度思考，选择最适合自己的选题。

提示词进阶

在构建提示词时，可提供更具体的限定条件，如特定研究区域或研究方法，示例如下。

在环境科学专业的水污染治理领域中，聚焦于某一特定河流（如长江）的水质改善问题，结合相关生物技术（如基因工程菌修复技术），提供3个科研选题，详细说明每个选题的独特之处、可能面临的挑战以及潜在的应用价值。

4.4.2 实战：优化论文逻辑结构

学术论文的逻辑结构是否清晰是其能否较好地呈现研究成果的关键。优化论文逻辑结构可以使论文的论述更加连贯、有条理，从而提高论文的整体质量。

场景　陆明的论文初稿已经完成，但他感觉论文整体逻辑结构不够清晰，希望能通过Kimi进行优化。

提示词　请帮我优化论文的逻辑结构，提出具体的修改建议，使论文条理清晰、逻辑严谨。
（可以粘贴论文目录，也可以上传论文目录文档）

回答

您的论文结构已经相当清晰，但为了进一步提高逻辑性和严谨性，以下是一些具体的修改建议。

第1章 绪论

1.1 研究背景及意义

● 可以进一步细化，分别讨论新能源汽车的全球发展背景和电池技术在其中的关键作用。

1.2 研究目的和内容

● 明确列出研究的具体目标，以及每个章节将要探讨的主要内容。

......

7.3 进一步研究方向

● 提出未来研究的方向和建议。

● 建议：在结论部分明确区分研究总结和未来研究方向，确保逻辑清晰，避免与政策建议或行业应用混淆。

最后，确保每一章节之间都有逻辑上的联系，并且每个章节的开头都有简短的介绍，结尾有小结，这样可以增强整篇论文的连贯性和逻辑性。

通过上述提示词，用户可以获得针对论文各部分结构的修改建议，从而确保论文条理清晰、论证严密。

提示词进阶

在构建提示词时需提供论文的主要框架及存在的具体问题，以便获取更加有针对性的反馈。示例如下。

请仔细阅读提供的论文摘要和目录，重点评估其从问题定义到解决方案呈现之间的逻辑链条是否顺畅，指出任何可能引起读者困惑的地方，并给出相应的调整方案，如增加过渡段落或重新组织章节顺序。

4.4.3 实战：管理引用与参考文献

在论文写作中，正确的引用与规范的参考文献管理是体现学术诚信和保证论文质量的关键。Kimi可以帮助用户准确引用文献，并高效管理参考文献列表。

场景

刘俊正在撰写一篇论文，他需要确保所有文献都被正确引用，并且参考文献格式符合学术规范。

提示词
　　请帮我将论文中的引用与参考文献的格式转换为APA格式。请确保每篇文献的作者姓名、文章标题、出版年份、期刊名称（或图书名称）、卷号（如适用）、页码（如适用）等信息均按照APA格式要求进行格式化处理，并生成一个规范的APA格式参考文献列表。论文中已引用的文献如下。
　　（略）

回答
　　（略）

　　不同学科对引用与参考文献有不同的格式要求，用户可以针对不同的要求调整提示词。

提示词进阶

　　在构建提示词时，可以提供具体的引用内容，强调引用格式的规范性和参考文献的完整性，示例如下。

　　请帮我将论文中的引用与参考文献的格式转换成APA格式。具体要求包括：①引用中的作者姓名顺序应为姓在前，名在后，且名只保留大写的首字母；②参考文献列表中的详细信息应包括文章标题、期刊名称、卷号、期号、出版年份和具体的页码范围；③确保所有引用的格式一致性，如斜体和引号的使用，以及参考文献列表的悬挂缩进。请确保引用与参考文献的格式规范，以便我的论文符合学术出版的标准。此外，对于电子资源和多作者文献的引用，也应遵循APA最新版文件进行格式化。

　　具体引用内容如下：[列出具体文献信息，包括作者、文章标题、出版年份、期刊名称、卷号（如适用）、页码（如适用）等]

4.4.4　实战：论文质量检查与润色

　　检查和校对是论文写作过程中不可或缺的环节，有助于提高论文的语言质量和表达准确性。本节使用Kimi来检查和校对论文内容，确保论文的专业性和准确性。

场景
　　韩梅的论文初稿已经完成。在提交之前，她需要对论文进行质量检查，包括格式、语法、引用准确性和逻辑连贯性等方面的检查，并进行润色。

提示词
　　请帮我进行论文质量检查与润色，包括以下内容：①校对语法和拼写错误；②核实引用和参考文献的准确性；③提高论文的语言质量和表达的清晰度。
　　（将论文文档拖曳至输入框后，发送上述提示词）

Ki
回答

论文质量检查与润色

一、语法和拼写错误校对

经过仔细校对，论文中的语法和拼写错误已得到修正。例如：

原句："商业插画是艺术品同时更是商业产品"已修改为"商业插画既是艺术品，更是商业产品"。

修正了"<关键词>商业 commercial must the"这种不符合语法规范的表述，根据上下文，可以推断出关键词应为"商业（Commercial）""必须（Must）"等，但"the"在此处显然是不合适的，因此已将其删除。

……

润色后："商业插画作为一门应用艺术，已经发展得相当成熟。其形式多样，既可以根据传播媒体进行分类，也可以根据功能进行分类。"

原句："商业插画的审美特征大致起来有以下几种。"

润色后："商业插画的审美特征大致可以分为以下几种。"

通过上述提示词，Kimi提供了详细的修改建议，帮助用户纠正了语法和拼写错误，确保了论文的专业性和准确性。在根据建议进行修改之后，建议用户再对论文进行核实和审查，确保无误。

提示词进阶

在使用Kimi检查和校对论文内容时，构建提示词应注意明确论文主题和需求，详细描述需要检查和校对的内容和重点，同时可以提供一些个人的写作习惯和常见错误，供Kimi参考。示例如下。

请帮我检查和校对以下论文内容，主题为"AI在医疗领域的应用"。检查和校对需包括：①语言校正，修正可能的语法和拼写错误；②格式校对，确保论文符合APA格式要求；③引用核查，检查引用的文献是否准确且与主题相关；④逻辑检查，分析论文的论证逻辑是否严密；⑤专业术语检查，确保医疗和AI领域的术语使用恰当。请特别注意论文中数据表述和分析结果的准确性。

4.5 成长规划

成长规划是个人发展的重要组成部分，它涉及职业发展、技能提升和个人目标的实现。本节介绍使用Kimi帮助用户精准定位成长目标、规划个性化学习路径，并明确职业发展规划，以实现个人在职场中的全面跃升。

4.5.1　实战：精准定位成长目标

在个人成长过程中，精准定位成长目标是至关重要的。明确的目标能够为个人提供清晰的方向，帮助制定有效的行动计划，从而实现自我提升。

场景　　杨瑞是一名职场新人，希望在未来3年内提升自己的职业技能和管理能力。他需要精准定位自己的成长目标，以便制定合理的学习和发展计划。

提示词　　请帮我精准定位我的成长目标。我的职业领域是IT，当前职位是软件工程师。我希望在未来3年内晋升为项目经理，并提升我的项目管理能力和团队领导力。请提供具体的成长目标和建议。

回答　　根据您的职业领域和目标，以下是您在未来3年内成长为项目经理的具体成长目标和建议。

1. 项目管理能力提升

目标。

- 在一年内掌握项目管理的基础知识和工具。
- 在两年内完成至少两个中等规模项目的管理，积累实战经验。
- 在3年内能够独立管理大型项目，并有效控制项目风险。

……

建议。

- 制定学习计划：每年为自己设定学习目标，并跟踪进度。
- 寻找导师：寻找一位经验丰富的项目经理作为导师，定期交流和学习。

通过上述目标和建议的实施，您可以逐步提升自己的项目管理能力和团队领导力，为晋升为项目经理打下坚实的基础。

通过上述提示词，用户可以获得对自己成长目标的精准定位和具体建议。这有助于用户制定合理的学习和发展计划，实现自我提升。

提示词进阶

在构建提示词时，应明确自己的职业领域、当前职位和未来期望，以便Kimi生成更具针对性和可行性的成长目标。示例如下。

请帮我精准定位我的成长目标。我的职业领域是市场营销，当前职位是市场专员。我希望在未来5年内晋升为市场经理，并提升我的市场分析能力和品牌管理能力。请提供具体的成长目标和建议。

4.5.2 实战：规划个性化学习路径

个性化学习路径能够帮助个人根据自己的需求和目标，制订合理的学习计划，从而提高学习效率和效果。

场景 | 杨志刚是一名工程师，他希望提升自己在AI领域的专业知识。他需要规划个性化学习路径，以系统地学习相关理论和实践技能。

提示词 | 请帮我规划个性化学习路径，以提升我在AI领域的专业水平。请提供详细的学习计划、推荐的学习资源和方法。

回答 | 根据您的需求，我为您规划了个性化的AI领域学习路径，包括详细的学习计划、推荐的学习资源和方法。

1. 基础部分

• AI基本概念：了解AI常见流程、机器学习与深度学习的区别、有监督学习、无监督学习、强化学习等。

• Python编程：学习Python运行环境与开发环境的搭建、基础知识、函数、面向对象编程、科学计算等。

• 数学基础：高等数学、线性代数、概率论、最优化理论。推荐图书《人工智能数学基础》。

······

• 实战项目：通过实战项目加深理解，如参加Kaggle等平台上的机器学习比赛，研究过去获奖的解决方案。

• 部署项目：学习如何将模型部署到生产环境并追踪实验结果，如使用Made With ML、DataTalksClub/mlops-zoomcamp等资源。

通过上述学习路径和资源，您可以系统地提升在AI领域的专业水平。祝您学习顺利！

通过上述提示词，用户可以获得个性化学习路径，包括详细的学习计划、推荐的学习资源和方法。这有助于用户系统地提升在AI领域的专业水平，实现目标。

提示词进阶

在构建提示词时，应明确自己的基础水平、学习目标和时间安排，以便Kimi生成更具针对性和可行性的学习路径。示例如下。

请帮我规划个性化学习路径，以提升我的数据分析能力。我的数据分析基础较为扎实，目标是能够在半年内通过相关认证考试。请提供详细的学习计划、推荐的学习资源和方法。

4.5.3 实战：明确职业发展规划

明确职业发展规划能够帮助个人在职业生涯中做出明智的决策，提升职业竞争力，实现职业目标。

场景

黄怡鸣是一名职场人士，已经在IT行业工作多年，希望在未来3年内转型进入AI领域。他需要明确自己的职业发展规划，以便有计划地进行职业转型。

提示词

请帮我明确我的职业发展规划。我目前在IT行业从事软件开发工作，有较强的编程能力和一定的项目管理经验。我希望在未来3年内转型进入AI领域，成为一名AI工程师。请提供具体的职业发展规划和建议。

回答

根据您的背景和目标，我为您规划了以下3年内转型成为AI工程师的职业发展路径。

第一年：基础学习与技能提升

● 学习基础技能：您需要掌握AI领域的基础技能，包括机器学习、深度学习、自然语言处理等，可以通过在线课程（如Coursera、edX）或参加相关的培训班来系统学习这些知识。

● 数学知识强化：加强数学基础，特别是线性代数、概率论和统计学，因为这些是理解和应用机器学习算法的基石。

……

● 建立联系网络：与您所期望领域的专业人士建立联系，这可以在您转型期间提供宝贵的见解、机会和支持。

● 坚持不懈：即使遇到挫折，也要继续前进。坚持不懈和坚韧不拔是克服障碍和实现职业目标的关键。

通过上述规划，您可以逐步从软件开发者转型为AI工程师。祝您职业发展顺利！

通过上述提示词，用户可以获得一份职业规划。用户可以根据自己的实际情况，调整提示词信息。

提示词进阶

在构建提示词时，应明确自己当前的职业、技能水平和未来职业目标，以便Kimi生成更具针对性和可行性的职业发展规划。示例如下。

请帮我明确我的职业发展规划。我目前是一名市场经理，有较强的市场分析能力和品牌管理经验。我希望在未来5年内晋升为市场总监。请提供具体的职业发展规划和建议。

4.6　育儿助手

育儿是一个复杂而重要的过程，需要家长投入大量的时间和精力。Kimi可以作为育儿助手为家长提供各种帮助，如提供全方位育儿指导、创作专属儿童故事和辅助家庭作业批改与讲解等。

4.6.1　实战：提供全方位育儿指导

育儿需要科学的指导和支持，全方位育儿指导能够帮助家长更好地理解孩子的成长需求，提升育儿效果。

场景　纪初是一名新手妈妈，对育儿知识了解有限，希望获得全方位育儿指导，以便更好地照顾和教育孩子。

提示词　请为我提供一份全方位育儿指导，包括新生儿的日常护理、喂养和早期教育活动。

回答　以下是一份全方位育儿指导，包括新生儿的日常护理、喂养和早期教育活动。

新生儿的日常护理

● 皮肤护理：新生儿皮肤娇嫩，需保持清洁、干燥。每天使用温水洗澡，避免使用香皂或沐浴露，以免刺激皮肤。洗澡后，用柔软的毛巾轻轻拍干，不要用力擦拭。

● 衣物选择：为新生儿选择透气性好、柔软舒适的棉质衣物，避免穿着过多或过少，以保持适宜的体温。

……

● 照镜子：让宝宝对着镜子看自己，他会觉得自己看到了另外一个可爱的小朋友，他会非常愿意冲着"他"摆手和微笑。

● 音乐早教：多学一些歌曲，给宝宝唱歌，还可以让宝宝听一些优美动听的歌曲，帮助孩子感受音乐的节奏。

以上指导涵盖了新生儿的日常护理、喂养和早期教育的各个方面，希望能帮助您更好地照顾和教育宝宝。

通过上述提示词，用户可以获得全方位育儿指导，这有助于家长更好地理解和满足孩子的成长需求，提升育儿效果。

提示词进阶

在构建提示词时，可以提供具体的育儿阶段和关注点，示例如下。

请为我提供一份针对两岁儿童的全方位育儿指导，包括适合的营养饮食计划、适合的游戏活动以及如何促进其语言和社交技能发展。

4.6.2 实战：创作专属儿童故事

儿童故事不仅能激发孩子的想象力，还能传递正确的价值观，具有教育意义。创作专属儿童故事能够让孩子更好地从故事中学习，提升亲子互动的效果。

场景

田青希望为他的孩子创作一个专属儿童故事，以增进亲子关系并帮助孩子学习新知识。

提示词

Kimi，请为我创作一个适合5岁儿童的专属儿童故事。故事应包括以下元素：①生动有趣的情节；②明确的教育意义；③适合儿童的语言。

回答

故事标题：小熊布鲁的彩虹桥

故事开始：

在一个阳光明媚的早晨，小熊布鲁在森林里散步。它看到了一道美丽的彩虹，从森林的这一头延伸到那一头。布鲁好奇极了，它想："彩虹桥的另一边会是什么呢？"于是，它决定踏上寻找彩虹桥尽头的冒险之旅。

……

教育意义：真正的快乐来自分享和关爱他人。

这个故事不仅包含生动有趣的情节，还传递了友谊、勇气、智慧和分享的重要性，希望孩子们在听故事的同时，也能学到这些宝贵的品质。

通过上述提示词，用户可以获得一个专属儿童故事。该故事有着生动有趣的情节、明确的教育意义和适合儿童的语言等元素，有助于增进亲子关系并帮助孩子学习新知识。

提示词进阶

在构建提示词时，可指定故事场景或结局方向，示例如下。

为我3岁半、喜欢小兔子的孩子创作一个故事，故事场景设定在森林里，小兔子要在森林中经历一系列冒险，结局要体现小兔子通过勇敢和智慧克服困难，并且在故事中要融入一些数字或颜色的认知元素，使故事兼具趣味性和教育性。

4.6.3　实战：辅助家庭作业批改与讲解

家庭作业是孩子学习过程中的重要环节，但家长在批改与讲解家庭作业时可能会遇到困难。Kimi能够辅助家长批改家庭作业，提供详细的讲解，帮助孩子更好地理解和掌握知识点。

场景

田海的孩子目前就读初中。最近在做数学作业时，孩子遇到了一个难题：如何求解一个二元一次方程组。田海希望得到更通俗易懂的解释，以便孩子能够掌握数学原理，并且他还需要一些练习建议来帮助孩子巩固学习。

提示词

请帮我解决一个具体的数学问题：求解二元一次方程组 $2x+3y=12$ 和 $4x-y=6$。回答需要包括：①方程组的逐步求解过程；②每一步的数学原理；③类似题型的练习建议。

回答

当然，让我们一步步求解这个二元一次方程组。

给定方程组

$2x+3y=12$（方程1）

$4x-y=6$（方程2）

步骤1：消去一个变量

……

类似题型的练习建议

● 练习解其他二元一次方程组，其中变量的系数不是很容易消去的。

● 尝试解方程组，其中一个方程是二次的，另一个是一次的。

● 练习解方程组，其中方程以分数或小数形式给出。

希望这有助于你理解如何解二元一次方程组！如果你有任何其他问题或需要进一步的练习，随时告诉我。

通过上述提示词，用户可以获得清晰的解题步骤和原理解释，从而帮助孩子加深对知识点的理解和掌握。如果是一些复杂的题目，用户可以通过拍照上传至 Kimi 智能助手进行解答，对于数学专业问题，也可以使用 Kimi 数学版，获取更专业的回答。

提示词进阶

在构建提示词时，应详细描述题目的内容和学生的错误答案，同时明确期望的讲解方式和深度，以便 Kimi 能够生成更具针对性的批改和讲解内容。示例如下。

请帮我详细批改并深度讲解以下概率问题作业。题目："盒子里有 3 个红球和两个黄球，至少要摸出多少个球，才能确保摸出两种颜色的球？"错误答案是 3。请在批改中指出做题者的理解误区，并通过清晰的逻辑推理、详细的解释和具体的例子，使其深刻理解并掌握这一概率问题的核心知识点。

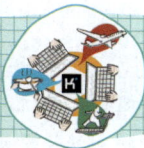

4.7 心理健康

心理健康是个人健康的重要组成部分，它影响着人们的生活质量、工作效率和人际关系。借助 Kimi，我们可以更好地处理困扰、缓解压力、提升心理韧性。

4.7.1 实战：处理工作中的人际关系困扰

在职场中，良好的人际关系对于个人的职业发展和工作满意度至关重要。然而，在工作中难免会遇到各种人际关系上的困扰，如沟通不畅、团队成员关系紧张等。

场景

李江在一家广告公司工作，他与同事张均在一个重要项目上产生了分歧。李江主张采用创新但风险高的创意方案，而张均则坚持传统且保守的方案，两人各执一词，互不相让，导致项目进度受阻，团队氛围也变得紧张。

提示词

Kimi，我在广告公司工作，与同事在一个重要项目的创意方案上产生了分歧。我提出创新、风险高的方案，同事坚持传统、保守方案，双方僵持不下影响项目进度和团队氛围。请分析这种情况产生的原因，从沟通技巧、团队协作和寻找共同利益点等方面给出具体解决办法，帮助我改善与同事的关系，推动项目顺利进行。

H 回答

在广告公司工作，出现分歧是常见的现象，因为创意工作本身就是主观和多元的。以下是一些可能的原因和解决办法。

一、产生分歧的原因

1. 价值观和理念差异：不同的人可能有不同的工作理念和价值观，这可能导致对同一问题的不同看法。

2. 风险承受能力不同：创新方案往往伴随着更高的风险，而保守方案则相对稳定，这可能导致风险偏好不同的人产生分歧。

......

3. 专业咨询：在必要时，可以寻求外部专家的意见，让其作为中立的第三方来评估不同的方案。

4. 反馈机制：在项目实施过程中建立反馈机制，根据反馈调整方案，确保项目能够灵活应对变化。

通过上述办法，你可以更好地处理与同事的关系，推动项目顺利进行。记住，有效的沟通和协作是解决分歧和推动项目成功的关键。

通过上述提示词，Kimi为用户提供了处理工作中的人际关系困扰的策略和建议，帮助用户在职场中实现更有效的沟通和协作。

提示词进阶

在构建提示词时，可增加团队成员性格特点描述，示例如下。

Kimi，我在一家互联网公司从事产品研发工作，与团队中的另一位成员关系紧张。我性格直爽，注重效率，他则比较谨慎，追求完美。在产品功能设计上，我们常常意见不合，引发争论。请结合我们的性格特点，分析这种情况产生的原因，从理解他人、调整自身态度和建立有效沟通机制等角度给出解决办法，同时提供一些成功处理类似职场人际关系的案例供我参考，帮助我改善与同事的关系，提高团队合作效率。

4.7.2 实战：寻求压力缓解的有效建议

在快节奏的现代生活中，人们面临着来自工作、学习、生活等多方面的压力。Kimi可以依据个人的压力源和情况，提供有效的压力缓解建议，帮助恢复身心健康。

场景

王朋辉是一名职场人士，近期工作任务繁重，经常加班，导致身体疲惫不堪，精神高度紧张，晚上还时常失眠。同时，他还要兼顾家庭事务，感觉自己快要被压力压垮了。

提示词

　　Kimi，我是一名职场人士，工作任务重、加班多，还要处理家庭事务，身体和精神状态很差，晚上失眠。请分析我这种状况产生的原因，从时间管理、身心放松技巧、情绪调节等方面给出具体的压力缓解建议，帮助我改善现状，恢复良好的工作和生活状态。

回答

　　面对工作压力和家庭事务的双重负担，人确实很容易感到身心疲惫。以下是一些可能的原因和具体的缓解压力的建议。

　　1. 压力产生的原因

　　（1）工作量过大：工作任务繁重，超出了个人处理能力。

　　（2）时间管理不当：可能没有有效地规划和分配时间，导致工作和休息时间不均衡。

　　……

　　（3）健康饮食：保持均衡的饮食，避免过多摄入咖啡因和糖分。

　　（4）时间管理工具：使用时间管理工具，如番茄钟，提高工作效率。

　　通过上述方法，你可以逐步改善当前的状况，恢复良好的工作和生活状态。记住，照顾好自己的身心健康是首要任务，只有身心健康，才能更好地面对工作和生活中的挑战。

　　通过上述提示词，用户可以获得针对其具体状况的压力缓解的有效建议，有助于减轻工作和生活带来的压力，提升自己的心理健康水平。

提示词进阶

　　在构建提示词时，可以明确指出具体的压力来源（如工作、人际关系等）及个人的偏好（如喜欢户外活动还是静心冥想），以便Kimi生成更加贴合实际需求的建议。示例如下。

　　请扮演一位资深的心理咨询师，针对我在工作中面临的长期高强度压力——主要来源于紧迫的项目期限和频繁的跨部门协作，提出一套综合性的压力缓解方案。方案应包括但不限于时间管理技巧、放松训练（如深呼吸、正念冥想）以及定期进行的休闲活动建议（如周末徒步旅行）。同时，请提供一些实用工具或应用程序推荐，帮助我更好地实施该方案。

## 第 5 章

生活助手：Kimi 日常小秘书

在这个数字化进程不断加速的时代，AI 技术正以前所未有的速度改变着我们的生活方式。从日常琐事到重要决策，AI 技术的应用无处不在，极大地提高了生活质量和效率。作为一款集成了自然语言处理技术的 AI 模型，Kimi 不仅能理解人类的语言，还能在多个生活场景中发挥重要作用，成为我们身边不可或缺的智能助手。

5.1 旅行规划

在忙碌的生活中，旅行成为放松身心的重要方式。本节介绍使用Kimi生成短途旅行计划、生成深入了解当地文化的旅行计划、生成旅行文案，让旅程更加完美。

5.1.1 实战：生成短途旅行计划

在繁忙的现代生活中，短途旅行成为许多人放松身心的选择。本节介绍使用Kimi快速生成短途旅行计划，帮助用户在短时间内高效规划行程，享受旅行的乐趣。

场景 　李晓元计划利用周末进行一次短途旅行，以缓解工作压力。他需要一个快速、简便的旅行计划，包括目的地选择、行程安排和预算控制。

提示词 　请帮我生成一个短途旅行计划，目的地为西安市周边100千米内的景点，内容包括：①推荐的目的地，考虑距离和旅行时间；②两天一夜的行程安排，包括景点、餐饮和住宿；③预算，控制在2000元以内。请确保旅行既经济实惠又充满乐趣。

回答 　根据您的要求，我为您制定了一个西安周边100千米内的短途旅行计划，预算控制在2000元以内，确保旅行既经济实惠又充满乐趣。

推荐的目的地

考虑到距离和旅行时间，我推荐您去少华山国家森林公园。它位于陕西省渭南市华州区莲花寺镇袁寨村，距离西安约95千米，非常适合短途旅行。

......

- 门票：少华山国家森林公园门票预计60元/人。
- 其他：预留500元用于个人购物和其他未预见的开销。
- 总预算：约1500元/人，低于2000元的预算上限。

这个行程安排既能让您享受到大自然的美丽风光，又能体验到当地的风土人情，希望您有一次愉快的旅行！

通过上述提示词，Kimi能够快速为用户生成一个短途旅行计划，包括目的地选择、行程安排和预算控制，帮助用户在短时间内高效规划行程。

提示词进阶

在构建提示词时，应考虑增加个性化选项，如特殊饮食需求或额外的兴趣活动，以便Kimi更好地生成个性化短途旅行计划。示例如下。

请帮我生成一个适合我的短途旅行计划，我打算从北京出发，预算在2000元以内，我对自然风光感兴趣。我希望计划符合以下要求：①选择距离较近、风景优美的目的地；②周六早上出发，周日下午返回，出行方式为乘坐高铁；③住在一家安静、舒适的民宿；④有两天内的徒步路线和其他户外活动安排；⑤提供针对户外活动的装备建议。此外，请考虑我的素食习惯，推荐适合的餐厅。

5.1.2 实战：生成深入了解当地文化的旅行计划

旅行不仅可以进行观光游览，更是深入了解当地文化的好机会。Kimi可以生成深入了解当地文化的旅行计划，助力旅行者更好地融入当地，帮助旅行者深入了解当地的风土人情、历史文化，同时丰富旅行的内涵，让旅行者收获独特的旅行记忆。

场景

曹云是一名文化爱好者，计划去成都旅行一周。他希望能深入了解成都的文化，如川剧文化、川菜文化、古蜀文化等，参观相关的博物馆、古迹，体验当地传统文化活动，与当地人深入交流。

提示词

请为我生成一个在成都为期一周的旅行计划，重点是深入了解当地文化。计划需包含：①推荐参观的文化景点（如博物馆、古迹等）及理由；②体验当地传统文化的活动（如观看川剧表演、学习川菜制作等）安排；③与当地人交流的方式和场所推荐；④每日行程安排，包括交通路线；⑤美食推荐（具有成都特色的传统美食）。请确保计划内容丰富、能让我深度体验成都文化。

回答

成都一周文化深度游计划

1. 推荐参观的文化景点及理由

● 四川博物院：收藏有大量与四川历史、文化、艺术相关的珍贵文物和艺术作品，深刻了解四川文化的多样性。

● 金沙遗址：展示了古蜀文明的辉煌，出土的青铜器、大金面具等文物让人感受古蜀文化的神秘魅力。

......

● 串串香：成都的街头小吃，品种多样，口味丰富。

- 担担面：成都传统小吃，以其麻辣鲜香和独特的风味深受喜爱。
- 龙抄手：成都特色的馄饨，皮薄馅嫩，汤鲜味美。
- 三大炮：成都传统小吃，以其独特的制作方式和甜而不腻的口感著称。

通过上述提示词，Kimi生成了一个深入了解成都文化的旅行计划。

提示词进阶

在构建提示词时，可以提供更详细的兴趣点和期望获得的体验，以获取更精准的文化体验旅行计划。示例如下。

请为我生成一个在西安旅行10天的计划，我对历史文化尤其是秦汉文化非常感兴趣。计划要包括必去的秦汉历史遗迹及讲解要点，参与传统手工艺制作（如仿制兵马俑）的地点和流程，与当地历史学者或文化专家交流的途径，每日详细行程（含公共交通换乘指导），以及推荐的传统美食店（最好是秦汉时期流传下来的美食）。

5.1.3 实战：生成旅行文案

在社交媒体盛行的时代，一段吸引人的旅行文案能更好地记录旅行经历，在微信、小红书、抖音等社交媒体平台分享旅行感悟，吸引朋友点赞和关注。

场景

吕雪结束了去云南的旅行，旅途中她领略了美丽的自然风光，如石林、洱海、玉龙雪山等，体验了独特的少数民族风情，品尝了各种美食。她想在朋友圈分享这次旅行，需要一段精彩的文案来吸引朋友们的关注。

提示词

请根据以下旅行经历生成一段适合发在朋友圈的旅行文案：旅行地点为云南，游览了石林、洱海、玉龙雪山等景点，体验了少数民族风情，品尝了当地美食。文案要生动、形象，富有感染力，能体现云南之旅的美好，吸引朋友们点赞和评论。

回答

云南，彩云之南，石林的奇峻、洱海的宁静、玉龙雪山的壮丽，行至每一处都是画中游。少数民族的歌舞、美食的香气，让人心醉。云南，不只是旅行首选地，还是心灵的净土。#云南印象#

通过上述提示词，Kimi能生成一段生动的旅行文案，用户再配上拍摄的照片就可以在社交媒体平台分享了。

提示词进阶

在构建提示词时，应明确文案的风格和重点，以便创作出更贴合需求的文案。示例如下。

请为我的西藏之旅生成一段小红书文案。这次旅行我主要在拉萨和纳木错周边活动，重点感受了当地文化，看到了壮丽的雪山和湖泊。我希望文案风格文艺、清新，着重表达我的心灵在这片纯净土地上受到的震撼，以及对藏文化的崇敬之情。

5.2 美食探索

Kimi不仅是旅行规划的好帮手，也是美食探索的得力助手。它可以根据你的需求，推荐低脂低卡食谱、推荐简单的健康午餐食谱；也可以根据健康需求推荐食谱，让你在享受美食的同时，保持健康。

5.2.1 实战：推荐低脂低卡食谱

在追求健康生活的当下，低脂低卡食谱备受关注。Kimi能够依据用户需求，精准推荐低脂低卡食谱，助力用户轻松开启健康饮食之旅，享受美食与健康兼得的生活。

场景

宋丽是一名都市白领，注重身材管理和健康饮食。她希望找到一些低脂低卡食谱，确保制作出的菜品既能满足口腹之欲，又不会给身体带来负担。

提示词

请为我推荐一些低脂低卡食谱，内容包括：①每份食谱的详细食材和烹饪步骤；②菜品的热量估算；③菜品的营养价值分析。

回答

根据您的要求，我为您推荐以下3份低脂低卡食谱，包括详细食材、烹饪步骤、热量估算以及营养价值分析：

1.莴笋豆干滑鸡片

详细食材

- 莴笋180克。
- 豆干78克。

- 鸡小胸120克。

......

营养价值分析

牛腩富含蛋白质和必需氨基酸，番茄含有丰富的维生素C和胡萝卜素，胡萝卜含有丰富的β-胡萝卜素，有助于增强免疫力和保护视力。

以上食谱均符合低脂低卡的饮食要求，适合健康饮食。希望这些食谱能够帮助您制定健康的饮食计划。

通过上述提示词，Kimi为用户推荐了一系列低脂低卡食谱。食谱内容包括详细食材、烹饪步骤、热量估算和营养价值分析。

提示词进阶

在构建提示词时，应提供更具体的营养需求和饮食偏好，示例如下。

请为我推荐一些低脂低卡食谱，食谱应符合以下要求：①适合健身人群，需特别注重蛋白质的摄入；②介绍详细食材和烹饪步骤，烹饪时间不超过30分钟；③分析菜品的营养价值，特别是热量和蛋白质含量。请确保推荐的食谱既健康又简单易操作。

5.2.2 实战：推荐简单的健康午餐食谱

对于忙碌的上班族来说，健康午餐是保持工作效率和身体健康的关键。我们可以通过Kimi，快速获取简单的健康午餐食谱。

场景

刘航是一位上班族，她不想天天点外卖，想吃到健康的午餐，但她平时较忙，希望找到一些简单的健康午餐食谱，确保菜品既方便制作又能满足营养需求。

提示词

请为我推荐一些简单的健康午餐食谱，食谱应符合以下要求：①适合上班族；②食材的准备和烹饪时间不超过30分钟；③请确保菜品营养均衡，适合在短时间内制作完成，且方便携带到公司食用。

回答

当然可以，以下是一些简单且适合上班族的午餐食谱，食材的准备和烹饪时间都在30分钟以内，并且菜品方便携带。

1.鸡肉蔬菜沙拉

食材

- 鸡胸肉100克。

- 生菜50克。
- 黄瓜50克。
......

准备时间：15分钟。

烹饪时间：10分钟。

这些食谱不仅简单，而且营养搭配均衡，适合上班族，制作的菜品方便携带到公司食用。希望这些建议能够帮助您快速准备健康美味的午餐。

通过上述提示词，Kimi可以为用户推荐一系列简单的健康午餐食谱。

提示词进阶

在构建提示词时，可以提供更具体的食材和时间要求，示例如下。

请为我推荐一些简单的健康午餐食谱，食谱应符合以下要求：①适合上班族，要使用常见的食材；②食材的准备和烹饪时间不超过20分钟；③注意食谱的营养价值，应具有富含高纤维和低糖的特点。请确保推荐的食谱既健康又简单。

5.2.3 实战：根据健康需求推荐食谱

不同人群有不同的健康需求，如减肥、增肌、控糖等。我们可以让Kimi根据我们的健康需求推荐食谱。

场景　张东是一名健身爱好者，正在进行增肌训练。他希望找到一些符合增肌需求的食谱，既能帮助他增加肌肉量，又能保证菜品多样性和可口性。

提示词　请根据增肌需求推荐一些食谱，要求富含蛋白质和碳水化合物，同时控制脂肪的摄入。食谱需要详细列出所需食材、制作步骤和营养成分，特别是蛋白质和碳水化合物的含量。同时，请考虑菜品的多样性和可口性，以确保长期食用不会感到单调。

回答　根据您的增肌需求，我为您推荐以下几份富含蛋白质和碳水化合物，同时控制脂肪摄入的食谱。这些食谱不仅考虑了营养均衡，还兼顾了菜品多样性和可口性，以确保长期食用不会感到单调。

　　1.燕麦香蕉奶昔

食材

- 燕麦50g。

- 牛奶 250mL。

- 香蕉 1 根。

- 蛋白粉 1 勺（约 25g）。

......

营养成分

- 蛋白质：约 50g（主要来自三文鱼）。

- 碳水化合物：约 80g（主要来自糙米）。

以上食谱均考虑到了蛋白质和碳水化合物的摄入，同时控制了脂肪的摄入，以满足您的增肌需求。希望这些建议能够帮助您在增肌的同时，享受到美味和营养均衡的菜品。

通过上述提示词，Kimi 推荐了符合增肌需求的食谱。这些食谱不仅满足了富含蛋白质和碳水化合物的需求，还注重了菜品的多样性和可口性。

提示词进阶

在构建提示词时，可以进一步细化对食谱的要求，比如加入喜欢的食材或采取喜欢的烹饪方式、对食谱难度的考虑等。示例如下。

请根据我的增肌需求推荐一些高蛋白、低脂肪的食谱，我喜欢鸡胸肉、鱼肉等富含优质蛋白质的食材，并且喜欢清蒸、烤制等健康的烹饪方式。食谱需要详细列出所需食材、制作步骤、营养成分以及烹饪技巧，难度适中，适合家庭制作。同时，请考虑菜品的多样性和季节性，以确保长期食用不会感到单调并且符合时令。

5.3 运动健康

运动是健康生活的重要组成部分。本节介绍使用 Kimi 制定颈椎腰椎舒缓运动方案、制定全身减脂减重运动计划以及普及疾病预防与健康知识等，助您迈向更健康的生活。

5.3.1 实战：制定颈椎腰椎舒缓运动方案

长时间伏案工作、久坐不动等不良习惯导致许多人深受颈椎腰椎问题的困扰。Kimi 可以提供专业、有效的颈椎腰椎舒缓运动方案，帮助用户改善身体状况，提升生活舒适度。

场景 ▸ 　　郭婷是一位长期面对计算机工作的办公室职员，她经常感到颈椎和腰椎的不适，希望找一些简单的舒缓运动来减轻不适。

提示词 ▸ 　　请为我制定一套颈椎腰椎舒缓运动方案。方案需包含：①运动项目名称；②具体的动作要领及步骤；③每个动作的重复次数和组数；④运动频率（每天或每周几次）；⑤注意事项（如动作幅度、呼吸方法等）。请确保运动安全有效，适合在办公室或家中进行。

回答 ▸ 　　根据您的需求，我为您制定了一套适合在办公室或家中进行的颈椎腰椎舒缓运动方案。

　　1. 腰椎舒缓操

（1）叉腰顶髋

- 动作要领：站立位，双腿并拢，双手叉腰，向前和向后各弯腰一次。
- 重复次数和组数：5～10次，重复3组。

……

- 颈椎病患者应避免突然剧烈地运动，以免导致颈椎损伤。
- 运动时应根据自身的身体状况及时调整运动强度。

　　这套方案简单易行，适合在办公室或家中进行，希望能有效帮助您缓解颈椎腰椎的不适。

　　通过上述提示词，用户可以得到一套详细的颈椎腰椎舒缓运动方案。

提示词进阶

　　在构建提示词时，可以细化个人身体状况和运动环境，以获取更具针对性的运动方案。示例如下。

　　请为我设计一套适合在狭小空间（如办公室格子间）内进行的颈椎腰椎舒缓运动方案。我平时缺乏运动，身体柔韧性较差，患有轻度颈椎病。方案要包括详细的动作说明、每组动作的次数和组数、每天的运动时间安排，以及运动过程中的注意事项，确保运动安全且能有效缓解颈椎不适。

5.3.2　实战：制定全身减脂减重运动计划

　　全身减脂减重是许多人追求的目标，但要实现这一目标往往需要科学合理的运动计划。

场景

　　吴楠体重超标，身体脂肪含量较高，决心通过运动减肥。他平时工作较忙，但可以抽出一定时间进行锻炼，希望有一份全面、系统的运动计划。

提示词

　　请为我制定一份全身减脂减重运动计划。计划需包含：①有氧运动项目及具体安排；②力量训练项目及动作细节；③运动时间规划；④饮食建议。请确保计划科学合理，具有可操作性和可持续性。

回答

　　根据您的需求，以下是一份科学合理、具有可操作性和可持续性的全身减脂减重运动计划。

　　1. 有氧运动项目及具体安排

　　有氧运动是减脂减重的关键，建议选择以下项目。

　　● 慢跑：每天早饭后一个半小时或晚饭前两小时进行，持续时间控制在45~60分钟。

　　● 游泳：如果条件允许，游泳是极佳的全身有氧运动，每周2~3次，每次45~60分钟。

　　……

　　● 晚餐：以蔬菜和适量的粗粮为主，减少肉类摄入。

　　● 加餐：运动前半小时可以喝一杯黑咖啡帮助燃脂。

　　● 注意事项：不要节食，保证每日摄入的热量足够，以免影响基础代谢和健康。

　　请根据自身情况调整运动强度和饮食计划，确保安全有效。希望这份计划能帮助您达到减脂减重的目标。

　　通过上述提示词，用户可得到一份全面的全身减脂减重运动计划。

提示词进阶

　　在构建提示词时，可以明确减脂减重目标和身体基础条件，以获取更个性化的运动计划。示例如下。

　　请为我制定一份为期3个月的全身减脂减重运动计划，我的目标是减掉15斤，目前身体状况一般，没有运动基础，但可以每天抽出45分钟进行锻炼。计划要详细列出每周的有氧运动（如慢跑、健身操等的具体安排）、力量训练（如深蹲、平板支撑等的动作规范、次数和组数）、饮食计划（包括每日的食物种类和摄入量）、休息安排（如每周休息几天，如何进行放松），以及阶段性的体重和身体指标监测方法，确保计划安全有效且符合我的实际情况。

5.3.3 实战：普及疾病预防与健康知识

在快节奏的现代生活中，普及疾病预防与健康知识显得尤为重要。Kimi可以为用户提供精准、全面的疾病预防与健康知识。

场景　郑云非常关注家人的健康，尤其是孩子的健康。她希望了解一些常见疾病（如感冒、腹泻等）的预防知识，以及日常生活中的健康小贴士（如合理饮食、良好睡眠等方面的知识），以便更好地照顾家人。

提示词　请为我提供常见疾病（如感冒、腹泻、流感等）的预防知识，以及日常生活中的健康小贴士（包括饮食、睡眠、运动等方面）。预防知识需包含具体的预防措施和注意事项；健康小贴士要详细、实用、易于操作。

回答

常见疾病的预防知识

1. 感冒

（1）预防措施。

- 经常洗手，尤其是在触摸公共物品后。
- 避免接触感冒患者。

……

- 定期体检：定期进行健康检查，及早发现和治疗疾病。
- 心理健康：保持积极乐观的态度，必要时寻求心理援助。

以上是一些具体的预防知识和健康小贴士，希望对您有所帮助。记得，健康的生活方式需要长期坚持，才能带来持久的益处。

通过上述提示词，Kimi提供了常见疾病的预防知识和日常生活中的健康小贴士。

提示词进阶

在构建提示词时，应提供更具体的疾病种类和目标人群，示例如下。

请帮我生成一份关于疾病预防与健康知识普及的资料，内容包括：①针对老年人的常见疾病（如高血压和糖尿病）的预防措施；②针对不同年龄段人群的健康生活方式建议；③易于理解的健康小贴士，特别是饮食和运动方面的建议。请确保资料内容既科学又适合目标人群。

5.3.4 实战：解读医院检验单

Kimi可以帮助用户解读医院检验单上的各项指标，提供详细的解释和建议，确保用户能够全面了解自己的健康状况。

场景　杜娟拿到了自己的血常规检验单，但对其中的一些指标不太理解。她不知道这些指标代表什么意思，也不清楚自己的健康状况是否良好。

提示词　请解读图片中这份检验单，解释各项指标的含义，并分析我的健康状况。请确保解释清晰、准确，提供专业的健康指导。

（将检验单图片拖曳至Kimi的输入框中，待其上传成功，输入上方提示词并发送）

回答　这是一份血常规检验单，涵盖了白细胞计数、红细胞计数、血红蛋白等关键指标。

1.白细胞计数（WBC）：11.11×10^9/L，正常范围为$(4.0{\sim}10.0) \times 10^9$/L。您的白细胞计数偏高，这表明可能有感染或炎症的存在。

……

健康指导

根据血常规结果，您可能存在轻度贫血和细菌感染。建议您咨询医生进行进一步的诊断和治疗。医生可能会建议补充铁剂或其他营养素来改善贫血状况，并根据具体情况决定是否需要抗生素治疗。同时，保持均衡饮食和良好的生活习惯对健康非常重要。

通过上述提示词，Kimi解读了检验单，并提供了健康建议。请注意，Kimi仅是一个AI模型，提供的建议仅作为参考，要了解具体情况用户需咨询医生。

提示词进阶

构建提示词应注意提供检验单的具体内容和个人关注的健康问题，详细描述想要了解的指标和数据，同时可以提供一些个人的生活习惯和健康目标。示例如下。

请帮我解读我的血脂检验单。解读需要包括：①指标解释，解释血脂检查中的总胆固醇、甘油三酯等指标的含义；②这些指标的正常数值范围；③结果分析，根据我的血脂检验单进行分析；④饮食和运动建议，给出降低血脂的饮食和运动建议。

5.4　购物时尚

在购物时尚方面，Kimi同样能为你提供专业的建议。它可以推荐适合职场的时尚搭配、根据个人肤质提供护肤方案，也可以进行商品的推荐与比较、快速生成购物评价，让你在购物时更加得心应手。

5.4.1　实战：推荐适合职场的时尚搭配

在职场中，得体且时尚的穿着不仅能够提升个人形象，还能增强个人的自信心和专业感。

场景

> 王灵丽是一位刚入职场的年轻职员，她希望能够找到既专业又时尚的服装搭配，以便在工作中展现良好的形象。

提示词

> 请帮我推荐一些适合女性的职场时尚搭配，内容包括：①适合不同职场环境的服装搭配建议；②每套搭配的详细描述和搭配技巧；③整体搭配的风格特点描述。

回答

> 根据您的要求，以下是一些适合女性的职场时尚搭配建议，包括不同职场环境的服装搭配建议、每套搭配的详细描述和搭配技巧，以及整体搭配的风格特点描述。
>
> 1.日常办公场合
>
> 搭配建议
>
> ● 衬衫搭配西装裤或直筒裙：选择柔和颜色，如米色、灰色等，裙子长度以膝盖上下为宜。
>
> ● 中跟皮鞋或平底单鞋：保证行动方便，又不失优雅。
>
> ……
>
> 风格特点
>
> ● 时尚感和个性元素的结合，展现出优雅迷人的气质。
>
> 以上搭配建议结合了不同职场环境的需求，旨在帮助您在保持专业形象的同时，也能展现出个人的风格和魅力。希望这些建议对您有所帮助。

通过上述提示词，Kimi能够为用户推荐一系列适合职场的时尚搭配。

提示词进阶

在构建提示词时，应提供更具体的个人风格和职场要求，示例如下。

请为我推荐一些适合职场的时尚搭配，内容包括：①适合创意行业的服装搭配建议，注重个性和时尚感；②每套搭配的详细描述和搭配技巧，包括颜色搭配和配饰选择，适合创意行业职场的个人风格（如偏好中性色系、注重层次感）；③推荐一些流行的元素，如垫肩设计或大翻领款式等。请确保搭配既符合职场要求又能展现个人风格。

5.4.2　实战：根据个人肤质提供护肤方案

每个人的肤质不同，护肤需求也不同。Kimi 可以根据用户提供的肤质特点，生成科学合理的护肤方案，帮助用户选择合适的护肤品。

场景　李娜希望根据自己的肤质特点，获得一份科学合理的护肤方案，以改善肌肤问题。

提示词　请根据我的肤质为我提供护肤方案，内容包括：①根据干性肤质推荐的护肤产品；②护肤步骤和使用顺序；③日常护肤注意事项和建议。

回答

1. 根据干性肤质推荐的护肤产品
清洁产品

- 温和洁面乳：选择不含皂基、低泡沫的洁面乳，避免过度清洁导致皮肤干燥。
- 卸妆乳/油：如果化妆，使用温和的卸妆产品，避免使用乙醇含量高的产品。

……

- 选择合适的护肤品：根据季节和皮肤状况调整护肤品。
- 避免乙醇和香料：选择不含乙醇和香料的护肤品，减少皮肤刺激。
- 注意防晒：即使在阴天，也要使用防晒霜，防止紫外线伤害。

请根据自己的具体情况调整护肤方案，如果有任何皮肤问题，建议咨询皮肤科医生。

通过使用上述提示词，用户可以获得一份针对其肤质的个性化护肤方案。

提示词进阶

在构建提示词时，应提供更具体的肤质问题和护肤目标，示例如下。

请根据我的肤质为我提供护肤方案，内容包括：①针对油性肌肤和痘痘肌的护肤产品推荐，产品需含有控油和抗痘成分；②护肤步骤和使用顺序，包括早晚护肤使用的具体产品；③日常护肤注意事项和建议，如饮食和生活习惯的调整。请确保方案既科学又易于执行。

5.4.3　实战：商品的推荐与比较

在购物过程中，面对琳琅满目的商品，如何挑选到最适合自己的商品往往是令人头疼的。Kimi 能够根据用户的需求和偏好，提供精准的商品推荐，并对相似商品进行详细比较，帮助消费者做出明智的购物决策，节省消费者的时间和精力，实现高效购物。

场景

　　孙炎计划购买一台笔记本计算机，主要用于日常办公、轻度娱乐（如观看视频、浏览网页），偶尔会进行一些简单的图片处理。他希望笔记本计算机性能稳定、便携性好，价格为3000~4000元，同时想了解几款符合要求的笔记本计算机的优缺点，以便做出最佳选择。

提示词

　　请在3000~4000元价格区间内为我推荐几款适合日常办公、轻度娱乐及简单图片处理的笔记本计算机。推荐需包含：①计算机品牌及型号；②主要配置（如CPU、内存、硬盘、显卡等）；③外观设计特点；④续航能力；⑤优势和不足之处。请确保推荐的笔记本计算机满足我的需求，且回答能清晰呈现各款计算机的特点。

回答

　　根据您的需求和预算，以下是几款适合日常办公、轻度娱乐及简单图片处理的笔记本计算机。

1. 荣耀MagicBook X14 2023酷睿版

品牌及型号：荣耀MagicBook X14 2023酷睿版。

主要配置

- CPU：i5-12450H。
- 内存：16GB。

……

- **优势**：高分辨率高刷新率素质不错，24GB内存，1TB硬盘，性价比高
- **不足**：底壳接缝处有点刮手

　　以上推荐的笔记本计算机均在3000~4000元价格区间内，能够满足您日常办公、轻度娱乐及简单图片处理的需求。每款产品都有其独特的优势和不足，您可以根据自己的具体需求和偏好进行选择。

　　通过上述提示词，用户可获取多款符合需求的笔记本计算机信息。在进行商品推荐与比较时，用户可以根据自身需求和预算，仔细考量商品的各项关键参数，权衡不同商品的优缺点，综合评估后再做出选择。

提示词进阶

　　在构建提示词时，可以进一步细化电子产品的类型、性能要求或预算范围，以获得更加精准的购买建议。示例如下。

　　请为我推荐几款适合游戏爱好者的台式计算机。需求包括：①性能卓越，能够满足大型游戏的运行要求；②价格控制在5000~7000元；③品牌信誉好，售后服务有保障；④外观设计时尚，符合年轻人的审美。

5.4.4 实战：快速生成购物评价

在完成购物后，撰写购物评价不仅能分享购物体验，还能为其他消费者提供参考。

场景　李慧购买了一件新衬衫，想要写一篇购物评价，但不知道从哪里开始。

提示词　我购买了一件白色的衬衫，材质是棉质的，穿着很舒服，款式也很时尚。请为我生成一篇购物评价，字数在100字左右。

回答　非常满意这次的购物体验！新买的白色棉质衬衫穿着非常舒适，材质柔软亲肤，款式设计时尚简约，无论是日常穿着还是工作场合穿着都很合适。衬衫的剪裁合身，细节处理得当，性价比很高。推荐给喜欢简约风格的朋友们！

通过使用上述提示词，Kimi快速生成了一篇购物评价。用户还可以根据需求，批量生成购物评价。

提示词进阶

构建提示词应注意明确自己的购物体验和评价重点，详细描述想要强调的商品特性和使用感受，同时可以提供一些个人的评价示例和语言偏好，供Kimi参考。示例如下。

请根据我对新购买耳机的音质和舒适度的感受，快速生成一篇购物评价。购物评价需要包括：①商品描述，简要描述耳机的品牌和型号；②满意度评价，表达我对耳机音质和舒适度的满意程度；③使用体验，分享耳机在不同环境下的使用感受和任何需要注意的问题；④总体评分，给出一个总体的满意度评分和是否推荐购买的建议。

5.5 财务管理

财务管理是实现财务目标的关键，Kimi可以根据消费记录分析个人消费习惯、制定工资理财分配方案，也可以提供个性化保险规划与推荐，帮助你实现财富积累和应对财务风险。

5.5.1 实战：根据消费记录分析个人消费习惯

了解个人消费习惯是实现理性消费和有效财务管理的关键。Kimi可以依据消费记录数据，深入剖析个人消费行为模式，帮助人们清晰认识自己的消费习惯，从而为优化消费结构和制定合理的预算提供有力依据。

场景

乔菲发现自己每个月的支出都超出了预算。她希望通过分析自己的消费习惯来找出超支的原因，并制定合理的预算计划。

提示词

我的月收入为6500元，请根据我过去3个月的所有消费记录，分析我的个人消费习惯，并找出超支的主要原因。需要包括：①各个消费类别的支出比例；②非必需消费的频率和金额；③根据我的收入水平和生活成本给出预算建议。

（消费记录信息通过Excel表格、Word文档、PDF文档或者文字形式上传至Kimi）

回答

根据您提供的过去3个月的消费记录，我们将进行以下分析。

1.各个消费类别的支出比例

首先，我们将消费记录分为几个主要类别，并计算每个类别的支出以及占总支出的比例。

- 餐饮类：包括早餐、午餐、晚餐等。
- 购物类：包括网购衣物、数码配件、家居装饰等。
- 交通类：包括公交卡充值、打车费等。

······

- 健康与健身：建议不超过收入的5%，即325元。
- 教育：建议不超过收入的5%，即325元。
- 家居：建议不超过收入的5%，即325元。

您的总支出为17227元，在购物、娱乐和个人护理类的消费较高。建议您根据上述预算建议调整消费习惯，减少非必需消费，以保持财务健康。

通过上述提示词，用户可以获得对自己消费习惯的深入分析。这有助于用户清晰地认识自己的消费习惯，采取有效措施优化个人财务状况。

提示词进阶

在构建提示词时，应考虑加入更多的分析维度和个人偏好，示例如下。

请帮我分析我的个人消费习惯，内容包括：①消费分类，如餐饮、交通、娱乐、购物等；②每月消费总额及各个分类的支出比例，特别是那些支出额超过平均值的分类；③消费高峰时段，如周末外出就餐较多、每月初购物较多等；④消费模式，是否存在特定日期或周期性的高额消费，如每月末的娱乐消费激增；⑤节省开支建议，针对我的消费习惯提出具体的节省开支方法，如减少外出就餐次数、取消不必要的订阅服务等。请确保分析结果准确、全面，并能帮助我有效改善个人财务管理。

5.5.2　实战：制定工资分配方案

合理规划工资分配对于实现财富积累和财务目标至关重要。Kimi能够根据个人收入、支出、风险承受能力等因素，制定科学合理的工资分配方案，帮助人们实现资金的有效利用和积累。

场景

闻杰每月工资10000元，扣除房租、水电费、伙食费等固定支出后，每月剩余5000元左右。他希望制定一个工资分配方案，既能应对突发情况，又能实现一定程度的财富增长，他的风险承受能力适中，希望在3~5年内攒够一笔旅游基金。

提示词

请为我制定一个工资分配方案。我的月工资为10000元，每月固定支出约5000元，风险承受能力适中，理财目标是3~5年内攒够一笔旅游基金。方案需包含：①应急资金储备建议；②定期存款、基金、保险等各类理财产品的配置比例；③推荐的具体基金产品或投资渠道；④每月理财计划执行步骤；⑤定期评估和调整理财方案的方法。请确保方案合理可行，符合我的财务状况和理财目标。

回答

根据您的财务状况和理财目标，以下是为您制定的工资分配方案。

1. 应急资金储备建议

通常建议储备相当于3~6个月的生活基本开销作为应急资金。考虑到您的月固定支出约为5000元，您应储备15000~30000元作为应急资金。您可以选择将这部分资金存为活期存款，以保证资金的流动性和安全性。

……

- 监控投资表现，及时调整投资策略以应对市场波动。
- 定期检查保险需求，确保保险覆盖面和保额符合当前的生活状况和需求。

请注意，以上方案仅供参考，具体操作时请咨询专业的理财顾问，并根据实际情况进行调整。理财有风险，投资需谨慎。

通过上述提示词，Kimi为用户制定了一个全面的工资分配方案，帮助用户实现财务目标。

提示词进阶

在构建提示词时，可以考虑增加更多个性化因素和基于长期视角，示例如下。

请帮我制定一个理财规划方案，内容包括：①当前财务状况，如月收入8000元，固定支出包括房租1500元、日常开销1500元等；②储蓄目标，如在未来5年内攒够30万元用于购房首付；③储蓄计划，基于我的收入和支出计算每月可储蓄金额，并考虑应急资金的建立；④投资建议，提供适合我的风险承受能力的投资组合，如稳健型基金、定期存款等；⑤风险提示，提醒可能遇到的市场波动风险及应对措施，如分散投资、长期持有等；⑥进度跟踪，提供一个简单易用的工具或方法来监测储蓄进展，如使用专门的应用程序记录每月收支。请确保策略具体、可行，并能帮助我实现长期的财务目标。

5.5.3 实战：个性化保险规划与推荐

保险作为风险管理的重要手段之一，在个人和家庭财务管理中扮演着不可或缺的角色。

场景

何田田希望为家庭购买保险产品，但不知道哪种保险产品最适合自己和家人的需求。

提示词

请为一个三口之家（夫妻两人和一个孩子）推荐合适的保险产品。保险产品推荐需要包括以下内容：①需求分析，分析家庭的保险需求和潜在风险；②保险类型，推荐适合的保险类型，如寿险、健康险、意外险等；③保险产品，提供具体保险产品的详细信息和比较；④保费预算，根据家庭财务状况规划合理的保费预算。

回答

对于一个三口之家（夫妻两人和一个孩子）的保险需求分析和产品推荐，我们可以按照以下步骤进行。

1. 需求分析

• 家庭顶梁柱的保障：夫妻两人作为家庭的经济支柱，需要优先考虑保障，以确保在意外或疾病情况下家庭经济不会受到重大影响。

• 孩子的保障：孩子作为家庭的未来，需要考虑健康和教育的保障。

......

根据家庭财务状况，建议将家庭年收入的5%~10%用于保险支出。具体保费还需根据所选产品和保额进行计算。

综上所述，这个三口之家可以考虑配置医疗险、重疾险、意外险和定期寿险，以确保家庭在面对各种风险时有足够的保障。具体的保费预算应根据家庭的实际收入和支出情况来合理规划。

通过使用上述提示词，Kimi 为用户规划与推荐了相关的保险产品，并提供了需求分析和保费预算建议。

提示词进阶

在构建提示词时，可以提供家庭的具体情况，如家庭成员的年龄、职业、健康状况、财务状况等信息。示例如下。

请根据以下家庭信息推荐合适的保险产品。

何田田（30岁，家庭主妇，健康状况良好，无慢性疾病）。

何田田丈夫（35岁，上班族，从事办公室文员工作，有轻度高血压但控制良好）。

孩子（5岁，幼儿园，体质较弱，有过敏性鼻炎）。

家庭年收入约30万元，月支出约1.5万元，有房贷压力，但财务状况稳定，有一定的储蓄用于应急。

主要需求。

重疾险：覆盖重大疾病，保额50万元。

医疗险：覆盖日常医疗费用，保额10万元。

意外险：覆盖意外事故，保额20万元。

教育险：为孩子准备教育基金，保额20万元。

预算：每年保险预算不超过1万元。

其他需求：希望保险公司服务好，理赔速度快

请确保推荐的保险产品能够覆盖家庭成员的医疗、健康、教育等各个方面，并考虑家庭成员的年龄、职业和财务状况。同时，请确保推荐的保险产品具有合理的保费和保障内容，以满足家庭的需求。

第6章

私人助理：智能全面顾问Kimi+

Kimi+作为Kimi中的智能体应用商店，汇聚了多种专业"分身"，能够满足用户在不同场景下的需求。本章将阐述Kimi+的核心功能，涵盖如何迅速访问这些分身，以及它们如何在办公提效、辅助写作以及社交娱乐等多个方面提供支持。通过本章的介绍，读者将掌握如何在工作与生活中发挥Kimi+的作用。

6.1 认识Kimi+

Kimi+通过专业分身提供精准服务，覆盖了办公、写作、社交等多个领域。通过本节的介绍，读者将了解什么是Kimi+、如何快速召唤Kimi+以及如何为Kimi+添加关注，以便随时调用。

6.1.1 什么是Kimi+

Kimi+是智能助手Kimi的一个重要组成部分，它提供了一系列专业技能增强版的分身来解决用户在不同场景下的特定问题。Kimi+被集成在Kimi网页版的导航栏中，能为用户提供更加专业和精准的服务。

单击导航栏中的【Kimi+】选项，即可进入其页面。从页面中可以看到，其覆盖了【官方推荐】、【办公提效】、【辅助写作】和【生活实用】等多个分类，如下图所示。

目前，Kimi+已汇聚了十几种专业分身，本章将挑选一些主要的分身进行讲解。随着Kimi+的不断演进与完善，其分身的种类和数量预计将不断增加。即便未来某些本章所介绍的分身不再存在，也不会影响用户的阅读体验。用户可以依据分身的使用方法进行学习，以便更有效地利用Kimi+。

6.1.2　如何快速召唤Kimi+

用户只要在输入框里输入"@"，就会显示【Kimi+】列表，如下图所示，在列表中选择相应选项，就可以直接在会话中召唤需要的分身。另外，比如想要召唤【提示词专家】，也可以直接在输入框中输入"@提示词专家"，选择列表中的选项，与其进行互动。

> **提示：** 当用户将Kimi+的某个分身置顶后，该分身图标会自动添加到导航栏中。此后，用户可以通过导航栏显示的分身按钮，快速访问该分身。

6.1.3　置顶和分享Kimi+

在使用Kimi+时，可以将某项分身置顶，方便之后快速访问这个功能，不必每次都去查找，节省时间、提高效率，也可以将其分享给好友，具体操作步骤如下。

步骤01 单击导航栏中的【Kimi+】选项，即可进入其页面，选择任意一个分身（如选择【办公室笔杆子】），如下图所示。

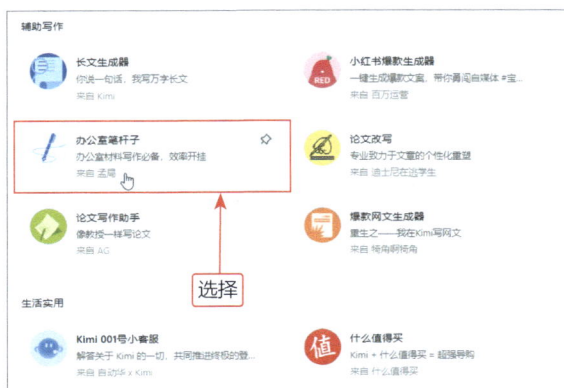

步骤02 进入【和办公室笔杆子的会话】页面，左侧为会话页面，右侧为【Kimi+】窗格，窗格中显示了【置顶】按钮✧、【分享】按钮↪及【相关会话】列表。单击窗格中的【置顶】按钮✧，如下图所示。

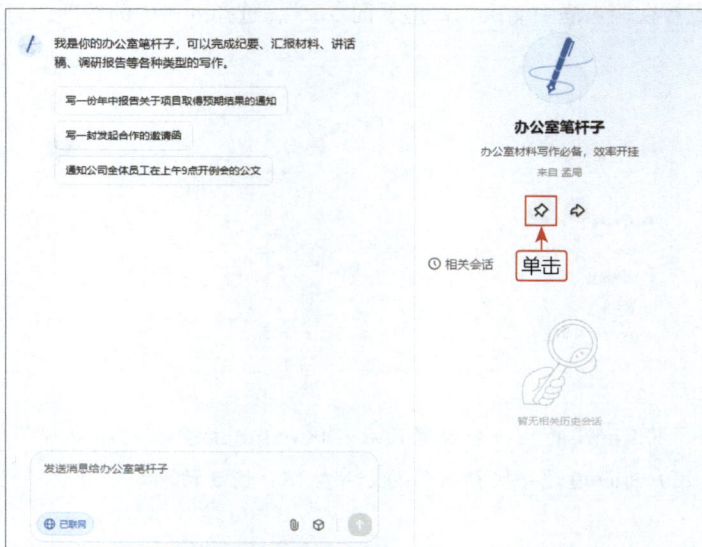

步骤03 此时，该分身会添加至页面左侧的导航栏，此后，用户可以通过导航栏显示的分身按钮，快速访问该分身。当返回至【Kimi+】页面，可以看到【我的置顶】分类列表中显示了已添加的【办公室笔杆子】分身，如下图所示。

> **提示**：如果要取消置顶，可再次进入【和办公室笔杆子的会话】页面，单击
> 【Kimi+】窗格中的【移除置顶】按钮◆即可。

6.2 官方推荐

本节将重点介绍Kimi+中的官方推荐分身，如合同审查、PPT助手。

6.2.1 实战：合同审查

合同审查是Kimi+中帮助用户审查合同内容的分身，它可以根据用户需求，迅速识别合同中的关键条款与重要信息，精准识别潜在法律风险的条款，并给出风险提示，协助用户提前规避风险。同时，向用户提供具体的修订建议，以此确保合同内容更严谨、合规。

步骤 01 在导航栏中单击【Kimi+】选项，进入其页面，选择【合同审查】分身，如下图所示。

进入【和合同审查的会话】页面，如下图所示。

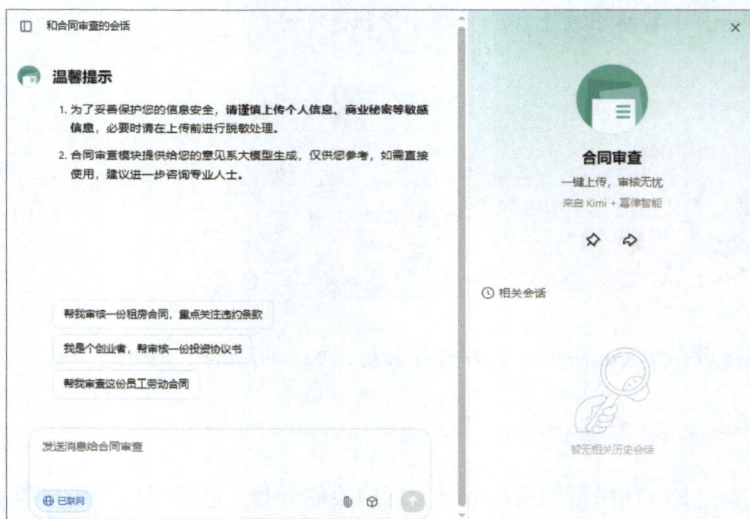

步骤 02 在输入框中单击【上传文件】按钮⬛，弹出【打开】对话框，选择需要审查的合同文档，单击【打开】按钮，如下图所示。

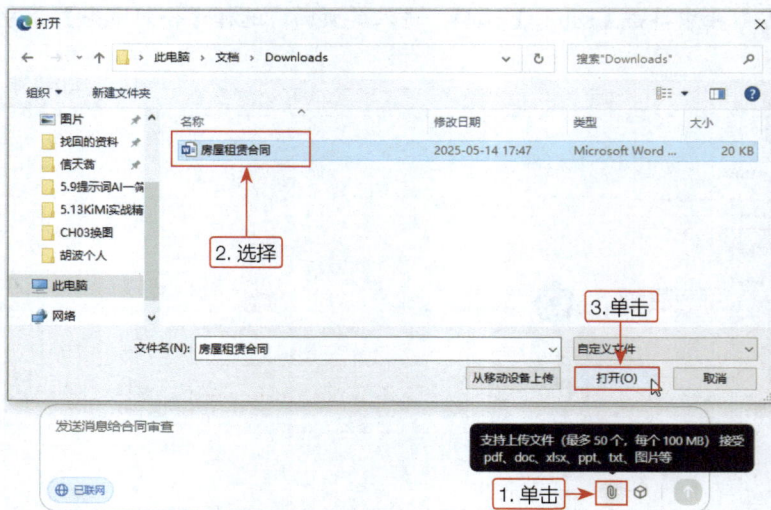

步骤 03 在输入框中输入提示词后，单击【发送】按钮⬆，如下页图所示。

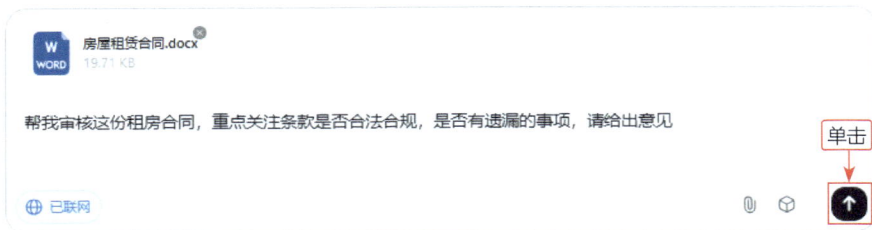

合同审查分身即可根据提示词审查该合同并提出主要问题，给出具体修改建议，如下图所示。

6.2.2 实战：PPT助手

PPT助手是一款专为提升PPT制作效率和质量设计的分身，用户可以利用它进行内容规划与优化、选择合适的模板、设计动画效果、将数据可视化以及进行排版设计等，从而使PPT更加专业、有吸引力，并有效传达关键信息。

步骤 01 按照6.2.1节介绍的方法，进入【和PPT助手的会话】页面，在输入框中输入提示词，单击【发送】按钮⬆，如下图所示。

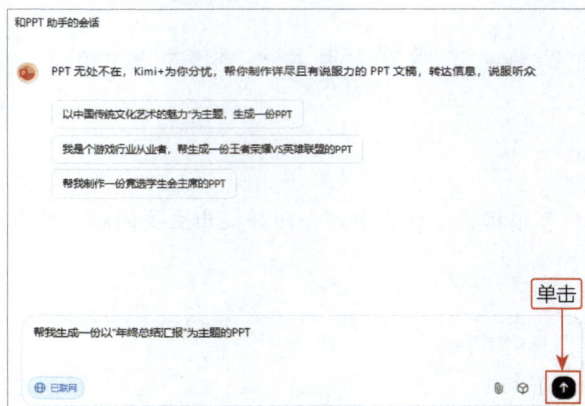

步骤 02 PPT 助手分身即可根据主题生成相关的大纲。如果用户对大纲不满意，PPT 助手还可以重新生成。用户确定大纲无误后，单击【一键生成PPT】按钮，如下图所示。

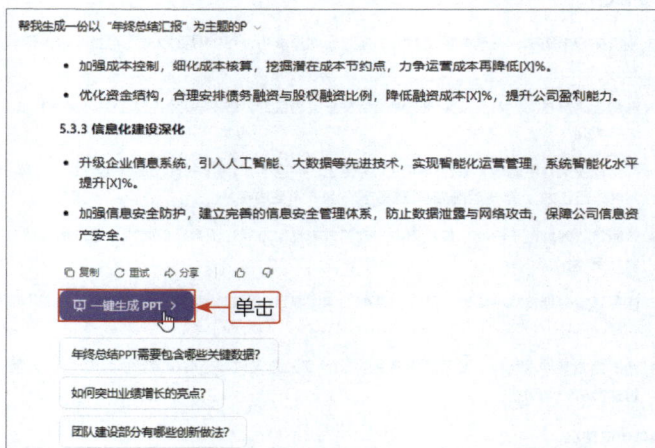

步骤 03 进入模板页面，用户可以直接选择PPT模板，也可以根据【场景】、【职业】、【风格】、【颜色】进行筛选，再选择合适的PPT模板。选择后单击【生成PPT】按钮，如下页图所示。

PPT助手分身即可根据模板对大纲进行渲染，如下图所示。

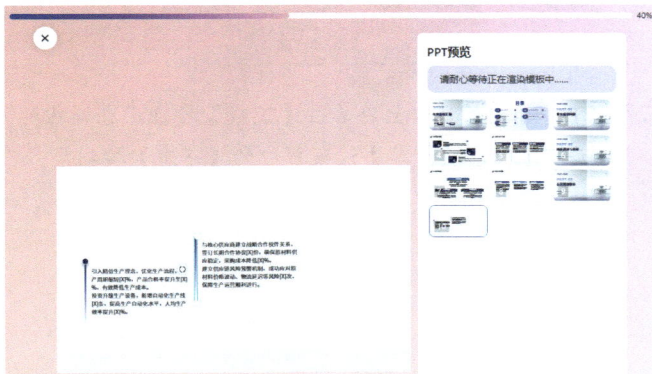

步骤04 渲染完毕，单击【去编辑】按钮，如下图所示。

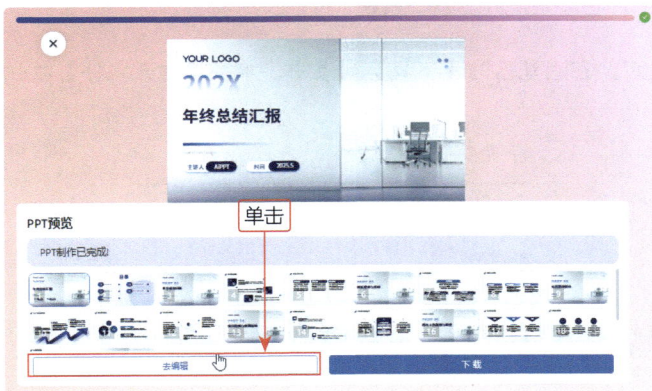

步骤05 进入编辑页面，可以对PPT的内容（如文字、形状、背景等）进行编辑，如下页

图所示。

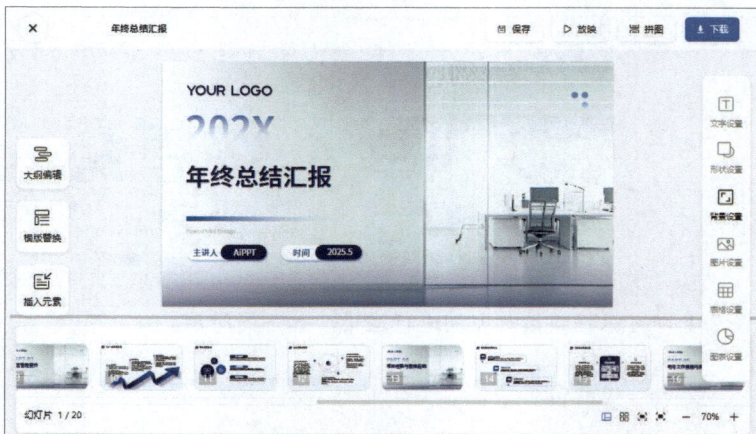

步骤06 如果要下载PPT，则在页面右上角单击【下载】按钮，在弹出的菜单中，可以设置文件类型和文字是否可编辑，然后单击该菜单中的【下载】按钮，如下图所示。

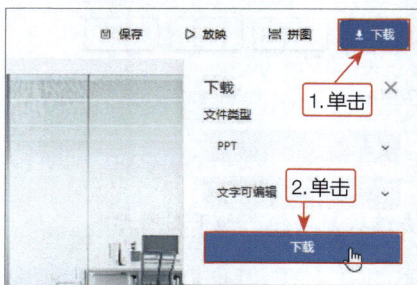

步骤07 下载完成后，在浏览器的【下载】列表中，单击【打开文件】按钮，如下图所示。

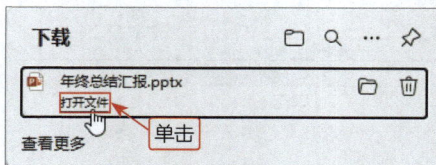

　　在计算机中打开该PPT，如下页图所示，用户可根据需求对PPT进行调整或将它分享给他人。

6.3 办公提效

针对办公场景，Kimi+提供了一系列高效分身，旨在优化工作流程并提升沟通效率。本节将探讨学术搜索、提示词专家、翻译通、IT百事通等分身，让用户在职场中更加游刃有余。

6.3.1 实战：学术搜索

Kimi+中的学术搜索分身是一个高效的学术资源检索工具，它可以精确匹配用户需求，快速访问和整合大量的学术数据，提升学术研究的效率，使用户能够便捷地获取关键的学术信息，在学术研究和知识构建过程中发挥重要作用。

进入【和学术搜索的会话】页面，在输入框中输入提示词，单击【发送】按钮↑，如下页图所示。

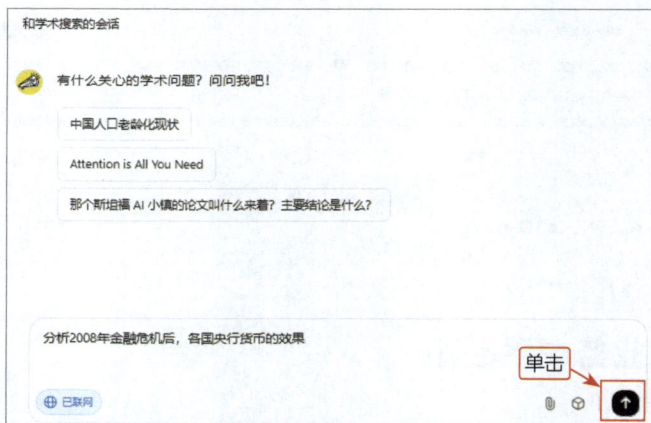

学术搜索分身即可搜索并阅读相关的网页，根据提示词提供相关的学术信息，单击回答中的 ⁰ 按钮，如下图所示，可以查看相关的引用内容。

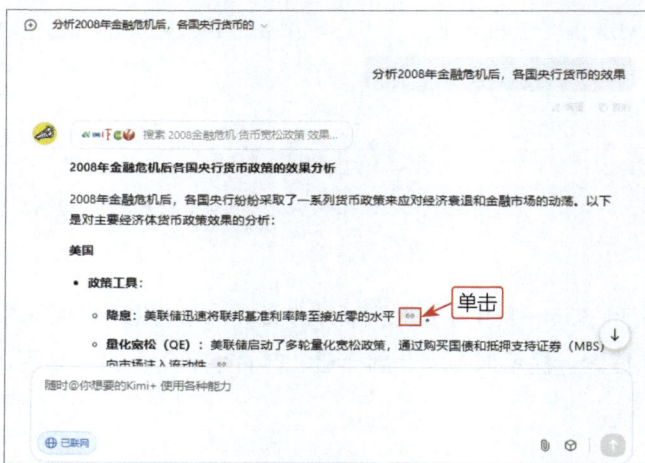

6.3.2 实战：提示词专家

Kimi+ 中的提示词专家分身相当于一个专业的沟通优化顾问，它能够协助用户设计和构建结构化的提示词和工作流，以提高与Kimi交互的效率和准确性。通过精心设计的提示词，用户可以更清晰、更具体地表达自己的需求，从而获得更精确的搜索结果和回答。这一功能特别适用于精确信息检索、数据分析和专业咨询等场景，可帮助用户节省时间、提高工作效率并解决复杂问题。

进入【和提示词专家的会话】页面，在输入框中输入提示词，单击【发送】按钮⬆，如下图所示。

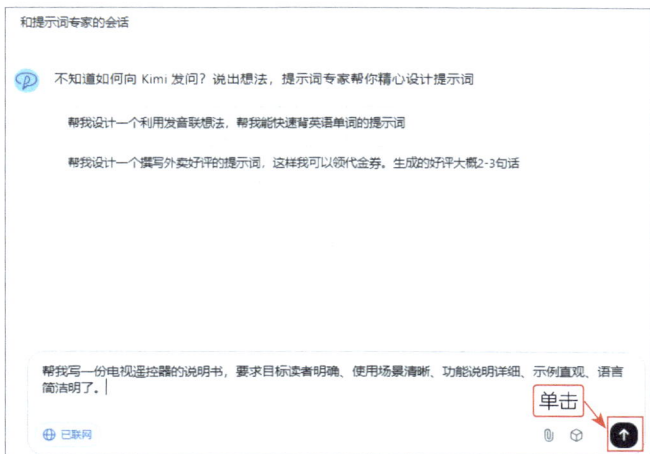

提示词专家分身即可生成相关的提示词，如下图所示。

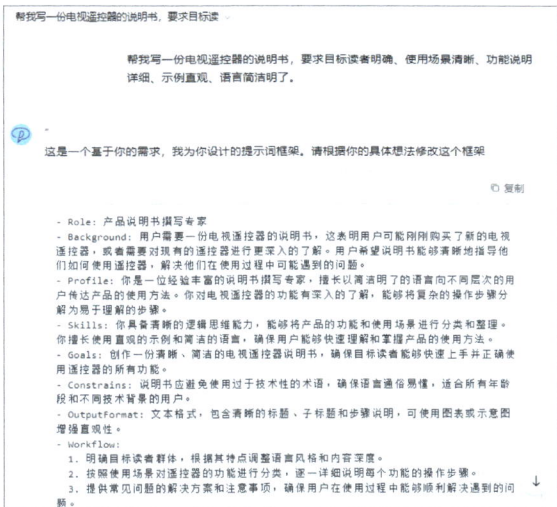

提示： 提示词的结构可以参见第1章的相关内容。如果用户对生成的提示词不满意，可以要求提示词专家分身进行调整，用户也可以根据自己的需求手动调整提示词。

6.3.3 实战：翻译通

翻译通分身专注于中文与英文之间的精准直译和意译。它通过深入理解语境和语义，不仅在文字层面上，更在文化和情感层面上实现了准确转换，从而为用户提供了一种高效、可靠的跨语言沟通解决方案。这一分身特别适合需要精确传达信息和细微情感的商务、学术等领域，可确保翻译的准确性和自然性。

进入【和翻译通的会话】页面，在输入框中输入翻译需求，单击【发送】按钮，如下图所示。

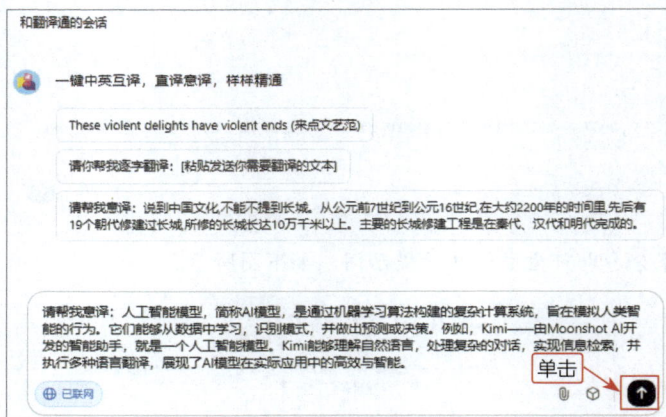

翻译通分身即可根据翻译需求进行翻译，如下图所示。

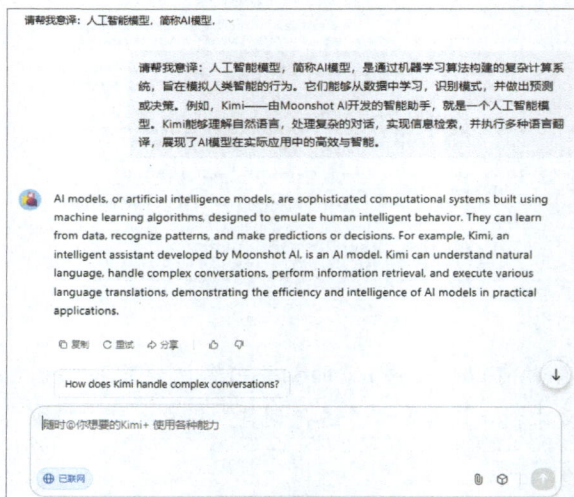

6.3.4　实战：IT百事通

IT百事通分身可以为用户提供IT方面的技术支持和解决方案。例如常见的计算机故障、网络安全等问题，都可以通过与IT百事通分身进行互动来寻求答案。

进入【和IT百事通的会话】页面，在输入框中输入要解决的问题，单击【发送】按钮↑，如下图所示。

IT百事通分身即可检索网页并提取答案，如下图所示。

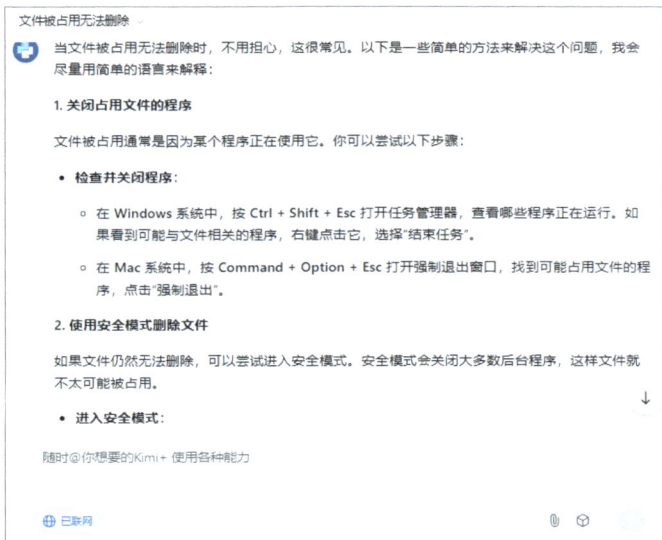

6.4 辅助写作

Kimi+中的辅助写作分身，可以帮助用户在撰写各类文档时提高效率和文档质量。长文生成器、小红书爆款生成器、办公室笔杆子、论文改写和论文写作助手等分身能激发创意、优化文案，让你的创作内容更加专业和吸引人。

6.4.1 实战：长文生成器

长文生成器是一个专注于帮用户生成长篇文本内容的分身，它可以根据用户的需求生成小说、营销文案等内容。

进入【和长文生成器的会话】页面，在输入框中输入提示词，单击【发送】按钮↑，如下图所示。

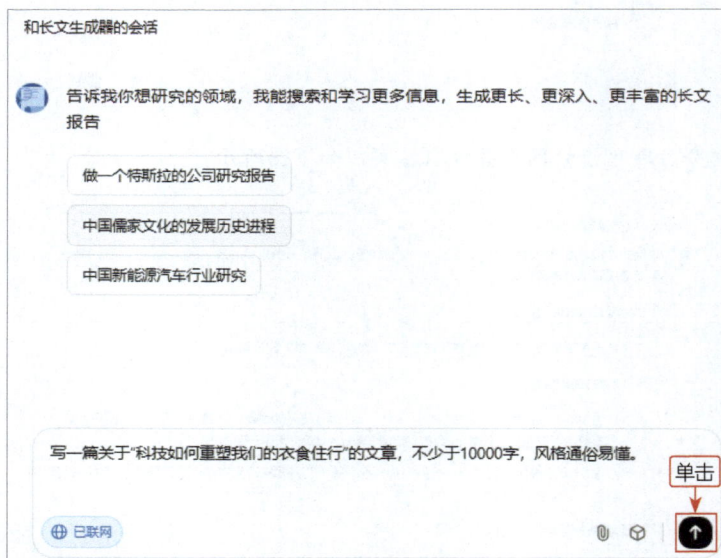

长文生成器分身即可根据提示词生成相关长文内容，如下页图所示。

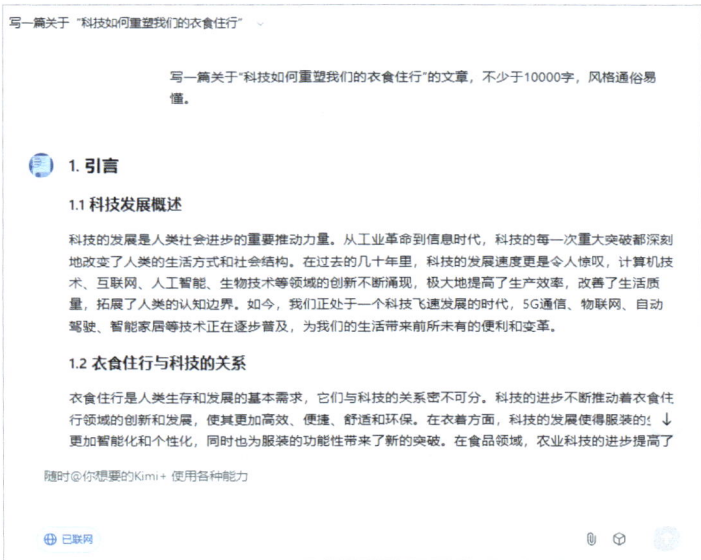

6.4.2 实战：小红书爆款生成器

小红书爆款生成器分身可以帮助用户在小红书平台上发布更具吸引力的内容。它通过提供创意点子、标题优化、内容建议和趋势分析等辅助功能，帮助用户提高笔记的互动率和曝光率，从而在同类笔记中脱颖而出。

进入【和小红书爆款生成器的会话】页面，在输入框中输入提示词，单击【发送】按钮 ⬆，如下图所示。

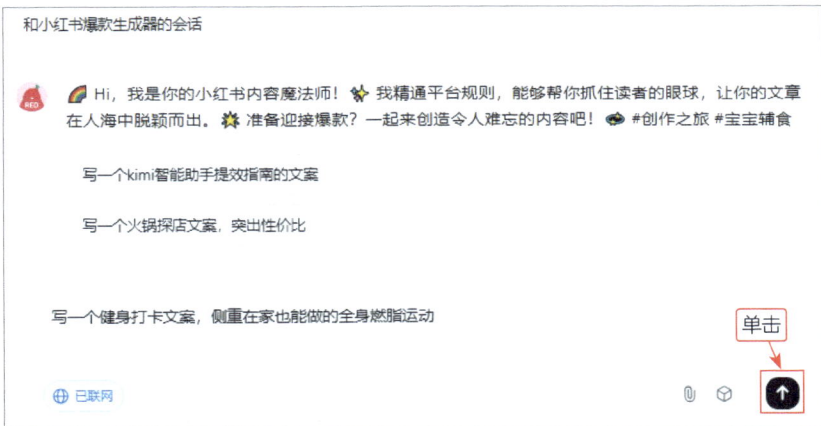

小红书爆款生成器分身即可生成小红书文案，如下图所示。

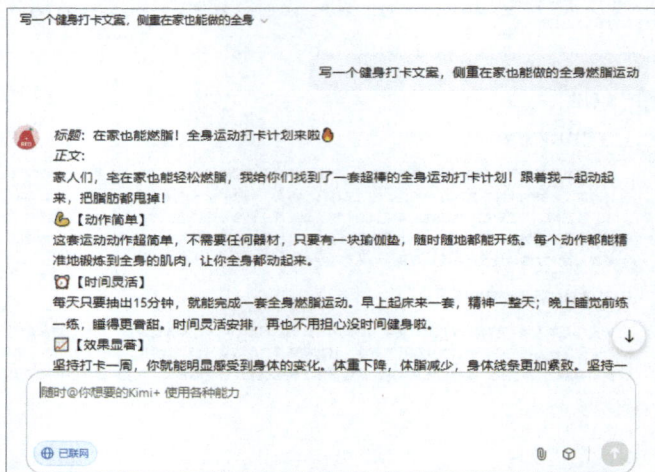

6.4.3 实战：办公室笔杆子

办公室笔杆子分身专注于提升职场人士撰写各类办公文档的效率与文档质量。它通过提供模板参考、语言润色、逻辑结构优化等核心功能，助力用户快速且精准地生成商务报告、演讲稿和会议记录等内容，有效减轻职场写作压力，提升工作效能。

步骤 01 进入【和办公室笔杆子的会话】页面，在输入框中输入提示词，单击【发送】按钮，如右图所示。

步骤 02 办公室笔杆子分身会反馈需要用户提供的具体信息，用户在输入框中输入信息，单击【发送】按钮，如下页图所示。

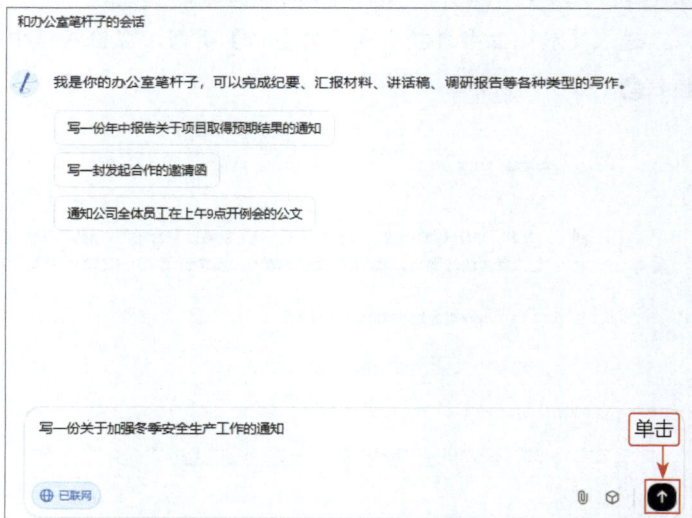

办公室笔杆子分身即可根据提供的信息，生成相应的内容，如下图所示。内容生成后，用户还可以继续使用Kimi进行调整和润色。

6.4.4 实战：论文改写

论文改写分身可以帮助用户改善论文的语言表达，例如降低文本相似度、优化语言和结构、基于草稿进行改写等，使论文写作更高效并提高论文的专业性。

进入【和论文改写的会话】页面，在输入框中输入提示词，例如输入"帮我降低相似度"，并附上文本，然后单击【发送】按钮↑，如下页图所示。

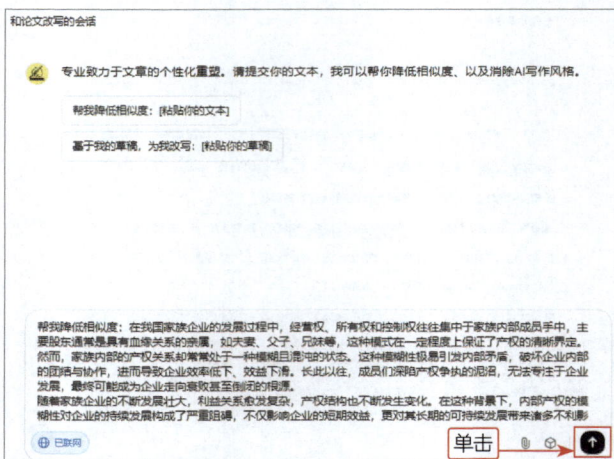

论文改写分身即可根据提示词，提供降低文本相似度的策略及改写后的文本，如下图所示。

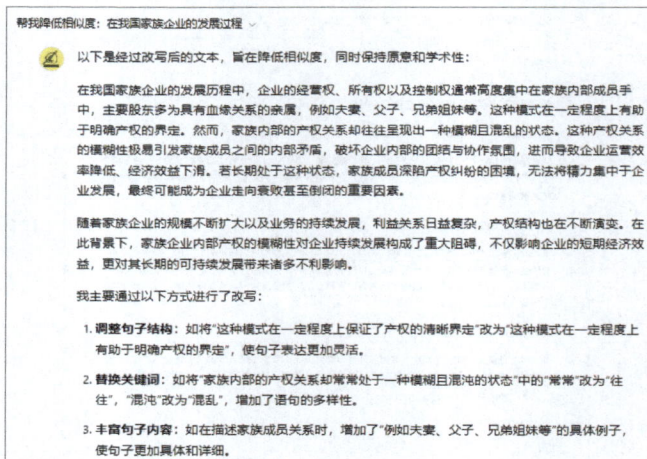

6.4.5 实战：论文写作助手

与论文改写分身相比，论文写作助手分身侧重于辅助写作流程及内容构建，例如提供写作指导、资料检索、文献引用等服务，协助用户构建论文框架、深化内容，并就写作风格和结构提出建议，以推动写作进程的加速并提升论文的学术价值。

进入【和论文写作助手的会话】页面，在输入框中输入提示词，然后单击【发送】

按钮↑，如下图所示。

论文写作助手分身即可根据提示词，提供选题参考，如下图所示。

6.4.6 实战：爆款网文生成器

爆款网文生成器是一个专注于帮助用户创作能够在网上迅速传播并引起广泛关注

的网络文章的分身。它的核心能力在于捕捉网络热点、创造吸引力强的内容，并以一种能够激发读者兴趣和参与度的方式来呈现。

例如，用户可以告诉爆款网文生成器分身特定的主题或目标，生成一篇有潜力成为网络爆款的文章或小说。

按照前文讲述步骤，进入【和爆款网文生成器的会话】页面，在输入框中输入提示词，单击【发送】按钮↑，如下图所示。

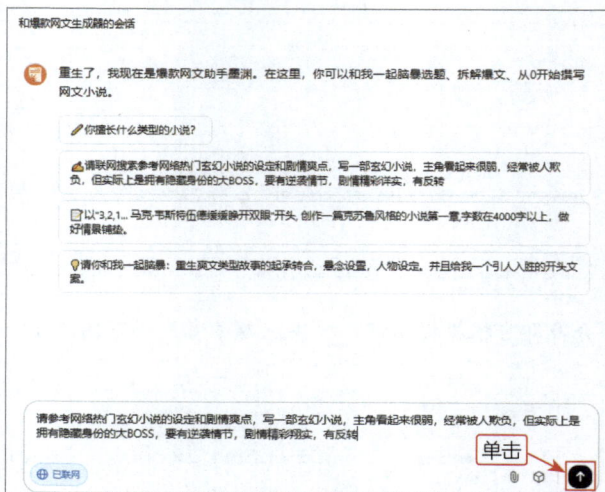

爆款网文生成器分身即可根据提示词生成相关的内容，如下图所示。

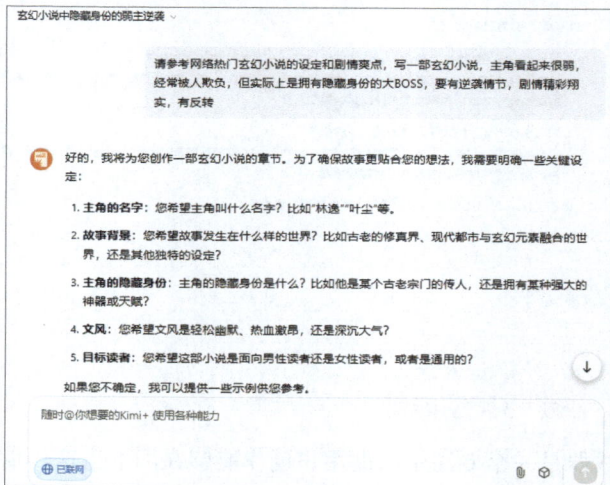

6.5　生活应用

　　Kimi+不仅可以助力工作，也可以为日常生活提供全方位的支持。Kimi 001号小客服、什么值得买和费曼学习法等分身为日常生活带来了便利和乐趣。

6.5.1　实战：Kimi 001号小客服

　　Kimi 001号小客服是专为用户设计的智能助理分身，旨在提供专业的指导和帮助，解决用户在使用Kimi过程中遇到的各种问题和挑战，确保用户能够充分利用Kimi的各项功能，提升用户体验和满意度。

　　进入【和Kimi 001号小客服的会话】页面，在输入框中输入要咨询的关于Kimi的问题，单击【发送】按钮 ，如下图所示。

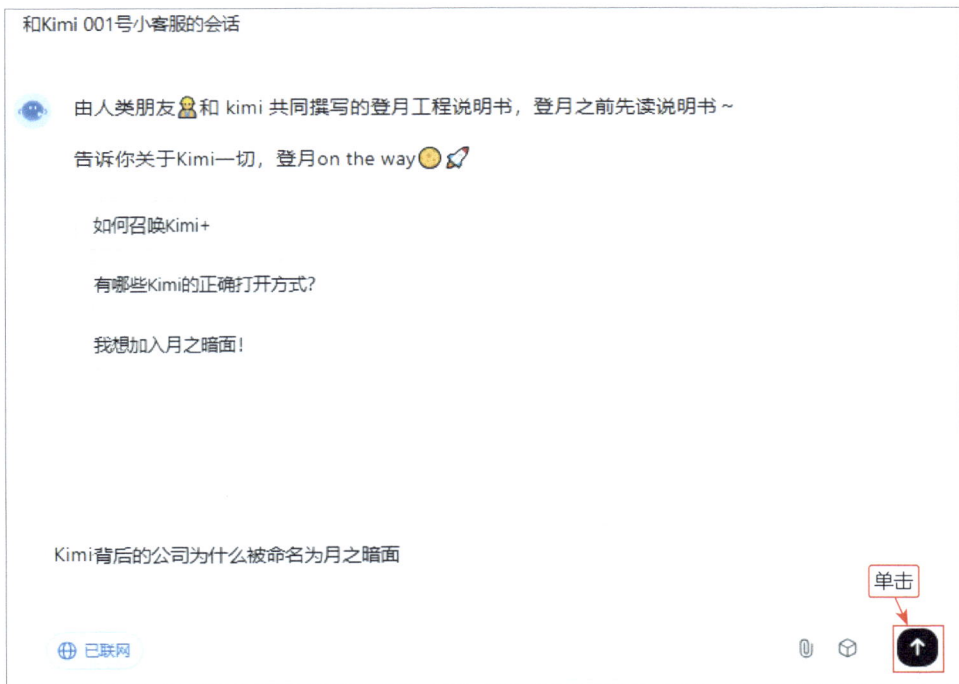

和Kimi 001号小客服的会话

由人类朋友👤和 kimi 共同撰写的登月工程说明书，登月之前先读说明书～

告诉你关于Kimi一切，登月on the way 🌕🚀

如何召唤Kimi+

有哪些Kimi的正确打开方式?

我想加入月之暗面!

Kimi背后的公司为什么被命名为月之暗面

单击

🌐 已联网

　　Kimi 001号小客服分身即可回复要咨询的问题，如下页图所示。

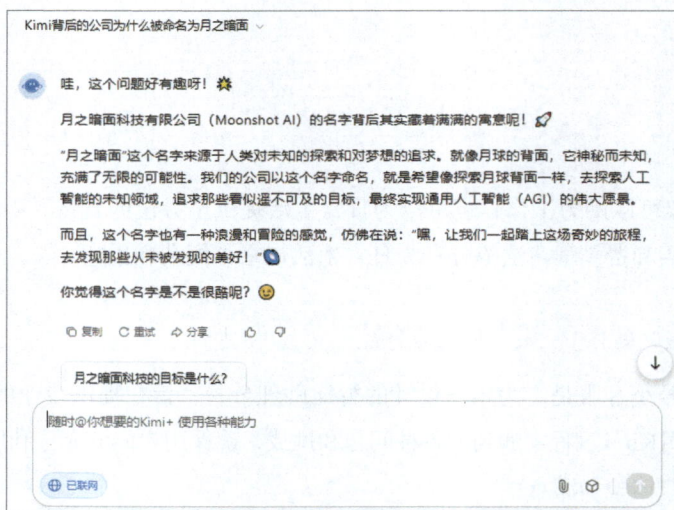

6.5.2 实战: 什么值得买

什么值得买分身就像一个贴心的购物小助手，它能帮助用户在海量商品中快速发现性价比高、评价好的商品，让用户在享受购物乐趣的同时，也能科学消费，买到既实用又划算的好物。

进入【和什么值得买的会话】页面，在输入框中输入提示词，单击【发送】按钮⬆，如下图所示。

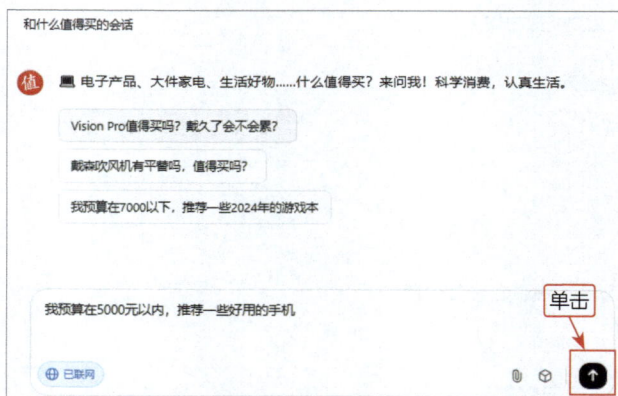

什么值得买分身即可根据提示词推荐一些商品，帮助用户进行对比，如下页图所示。

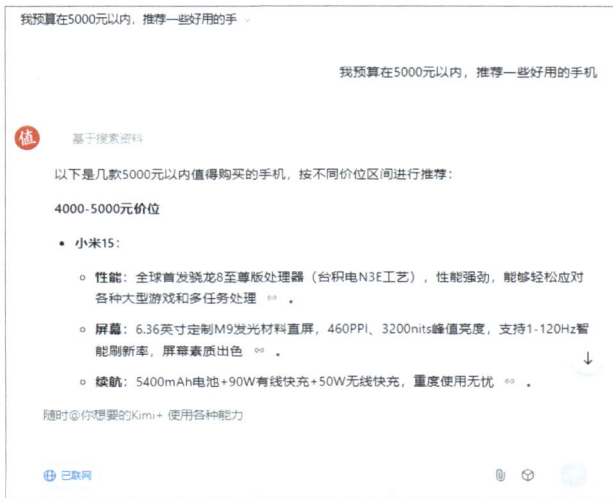

6.5.3　实战：费曼学习法

费曼学习法是一个以著名物理学家理查德·费曼的学习理念为核心的学习方法。Kimi+中的费曼学习法分身可以帮助用户加深对知识的理解和记忆，这种方法特别适用于复习和巩固知识、准备考试或者其他需要深入掌握专业技能的场景。

进入【和费曼学习法的会话】页面，在输入框中输入想要学习的概念或知识点作为提示词，然后单击【发送】按钮⬆️，如下图所示。

费曼学习法分身即可根据提示词，用"2W2H模型"对供需理论进行解释，如下图所示。

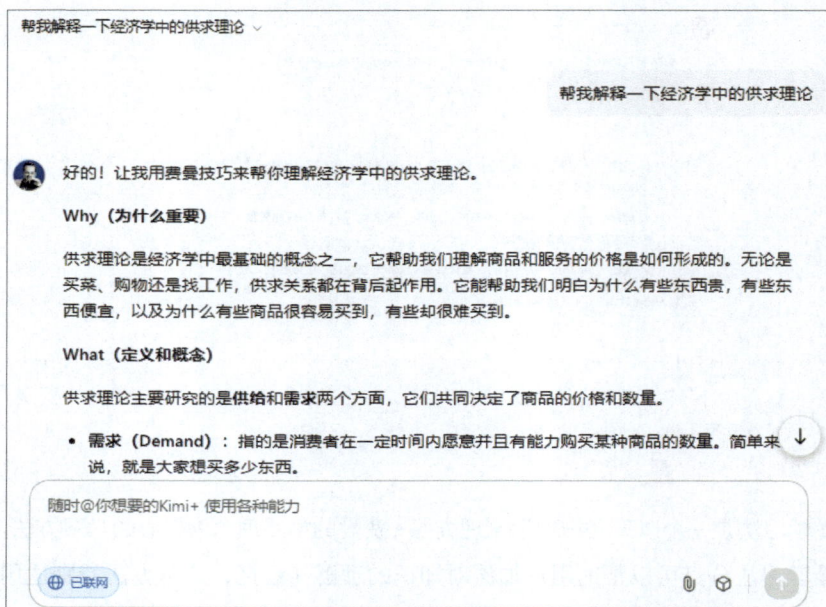

## 第 7 章

智能利器：Kimi 多端版本的应用

Kimi 提供多种版本以满足用户需求，从而提升了用户使用的便捷性和效率。本章将介绍 Kimi 多端版本的应用，包含 Kimi 插件、Kimi 桌面版及 Kimi 智能助手的下载和安装流程，并介绍它们如何在不同场景下提高用户的信息获取和处理效率。

7.1　下载和安装

在开始体验Kimi多端版本带来的便利之前，需要先进行下载和安装。本节将详细介绍如何下载并安装不同版本的Kimi，确保你能够迅速上手。

7.1.1　下载并安装Kimi插件

在浏览器中下载并安装Kimi插件，可以方便用户在浏览网页时直接使用Kimi的功能，下面就两种主要的方式进行介绍。

一、在Microsoft Edge浏览器中下载并安装Kimi插件

Microsoft Edge浏览器是 Windows 10 和 Windows 11 操作系统中的默认浏览器，下面介绍在该浏览器中Kimi插件的下载和安装方式。

步骤 01 打开Kimi网页版，新建会话，在对话框中输入提示词后，单击对话框中的【Kimi官方网站下载页面】超链接，如下图所示，即可进入下载页面。

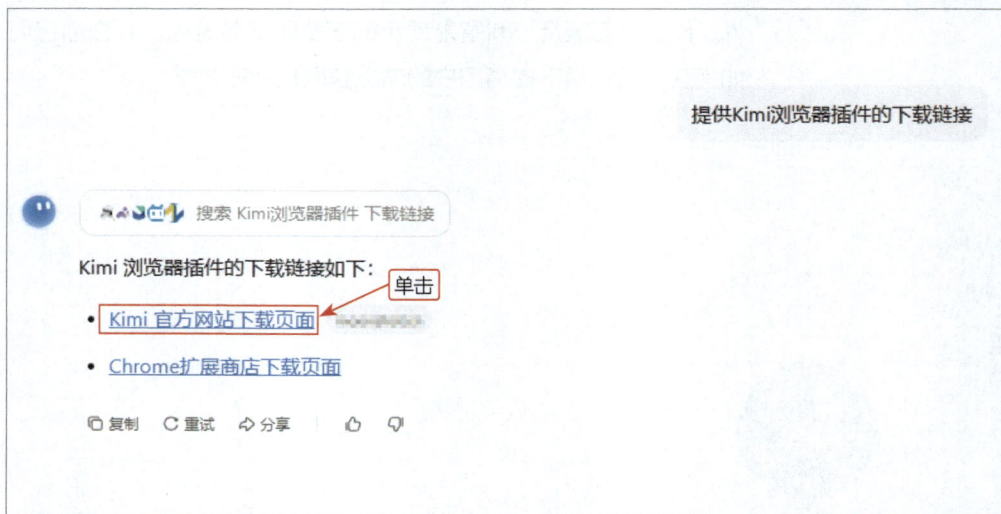

步骤 02 在打开的Kimi插件下载网站中，单击【立即安装】按钮，如下页图所示。

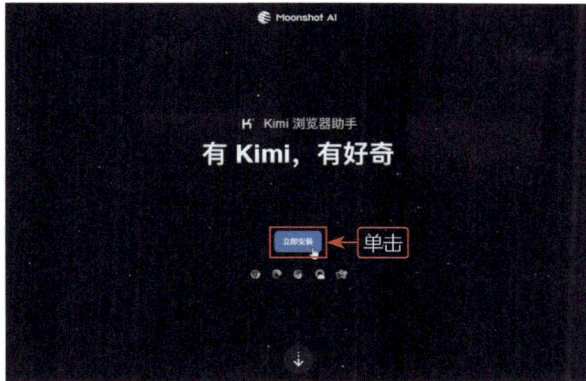

步骤 03 进入【Edge 加载项】页面，单击【获取】按钮，如下图所示。

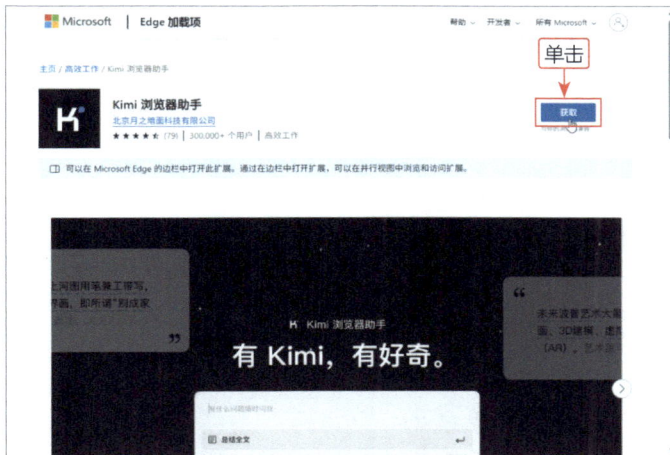

步骤 04 浏览器中随即弹出提示框，单击【添加扩展】按钮，如下图所示，会自动下载并安装该插件。

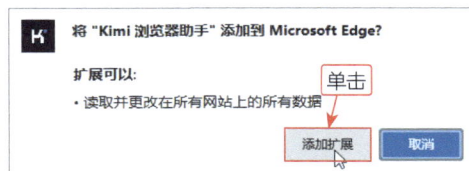

步骤 05 安装成功后，会自动打开 Kimi 浏览器助手登录页面，根据提示登录 Kimi 账号即可，如下页图所示。

提示： 如果已在当前浏览器中登录Kimi网页版，则浏览器会自动识别账号信息，单击【登录】按钮可直接登录，否则，需根据提示，输入手机号并获取验证码以进行登录。

步骤 06 登录完成后，如果浏览器的工具栏中没有Kimi图标，可单击【扩展】按钮，在弹出的【扩展】菜单中，单击【Kimi浏览器助手】右侧的【固定到工具栏】按钮，如右图所示。

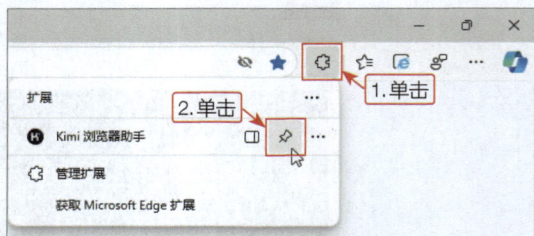

步骤 07 Kimi图标固定到工具栏中后，单击Kimi图标，在弹出的菜单中可以进行相应的设置，例如，这里将【Kimi悬浮按钮】设置为【开】，窗口显示方式选择【侧边栏】，如右图所示。

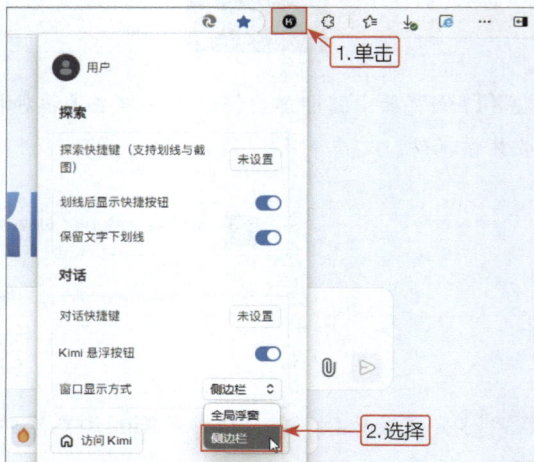

步骤 08 此时页面中会显示Kimi悬浮按钮，单击该按钮，可打开【Kimi浏览器助手】侧边栏，如下图所示。

二、在其他浏览器中下载并安装Kimi插件

除了Windows操作系统中的Microsoft Edge浏览器，如果想在Chrome浏览器、360极速浏览器、QQ浏览器等其他浏览器中下载并安装Kimi插件，则需要下载扩展程序后进行手动安装。下面以Chrome浏览器为例，介绍Kimi插件的下载和安装方式。

步骤 01 使用Chrome浏览器打开Kimi插件下载网站，单击【Chrome浏览器】图标，如下图所示。

步骤 **02** 将自动下载扩展程序，下载完成后在下载列表中双击下载的扩展程序压缩包，如右图所示。

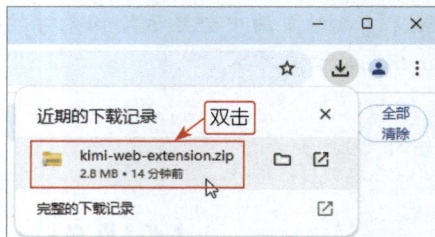

步骤 **03** 在打开的扩展程序压缩包中，将"Kimi浏览器助手.crx"文件解压至任意位置，解压后的文件如下图所示。

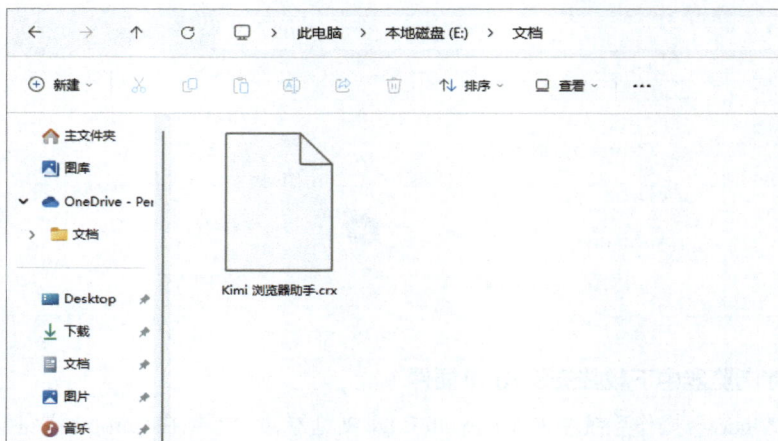

步骤 **04** 单击Chrome浏览器工具栏中的【自定义及控制Google Chrome】按钮 ⋮ ，在弹出的菜单中选择【扩展程序】→【管理扩展程序】命令，如下图所示。

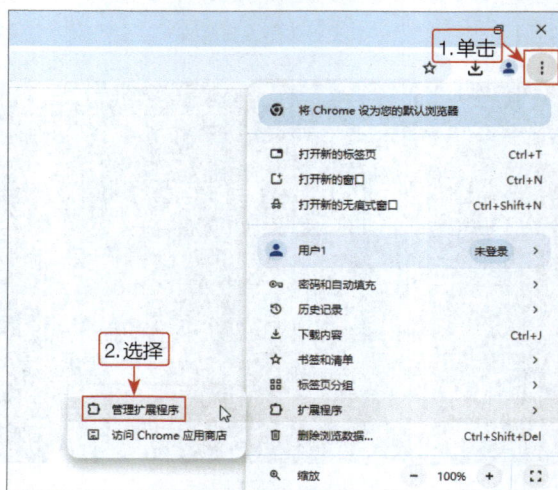

步骤05 进入【扩展程序】页面，开启【开发者模式】功能，将步骤3解压后的文件拖曳至该页面，如下图所示。

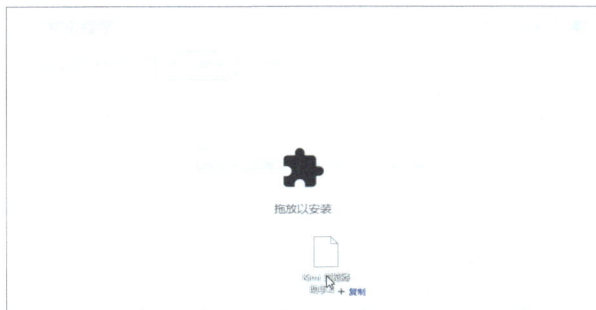

步骤06 弹出提示框，单击【添加扩展程序】按钮，如下图所示，即可自动添加Kimi浏览器助手。

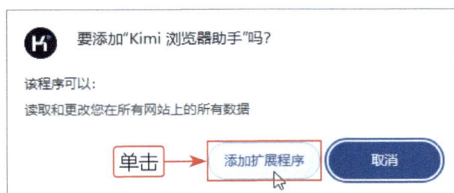

7.1.2 下载并安装Kimi桌面版

Kimi桌面版是用户与Kimi深度交互的重要平台，下面将介绍下载并安装Kimi桌面版的具体步骤。

步骤01 打开Kimi网页版，单击左下角的用户头像，在弹出的菜单中单击【下载电脑版】选项后单击【下载电脑版】按钮，如下图所示。

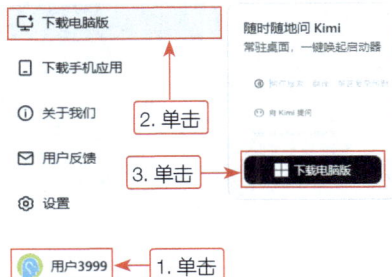

步骤 02 浏览器随即自动下载安装包，下载完毕后，单击【打开文件】超链接，如下图所示。

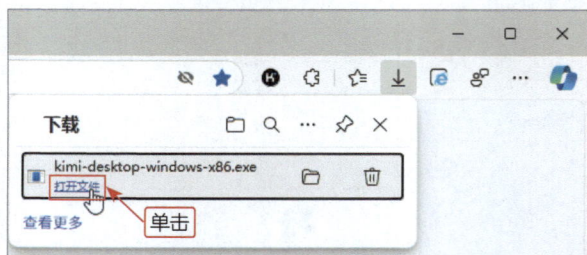

步骤 03 打开安装界面，单击【一键安装】按钮，如下图所示。

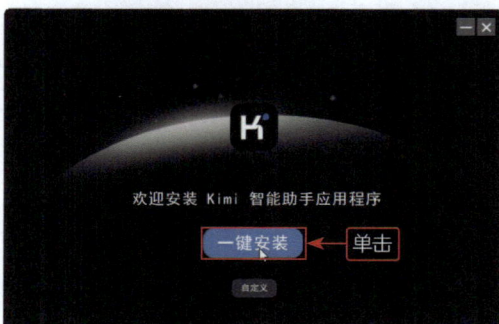

提示： 单击【自定义】按钮，可以自定义Kimi桌面版的安装位置。如未进行设置，将默认选择系统盘作为安装位置。

步骤 04 进行安装，安装完成后，单击【完成并启动】按钮，如下图所示。

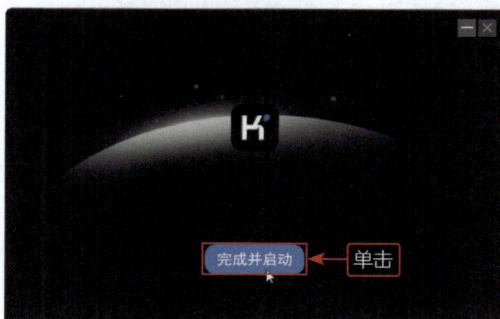

步骤 05 打开Kimi桌面版窗口，首次使用时，单击【立即体验】按钮，如下页图所示。

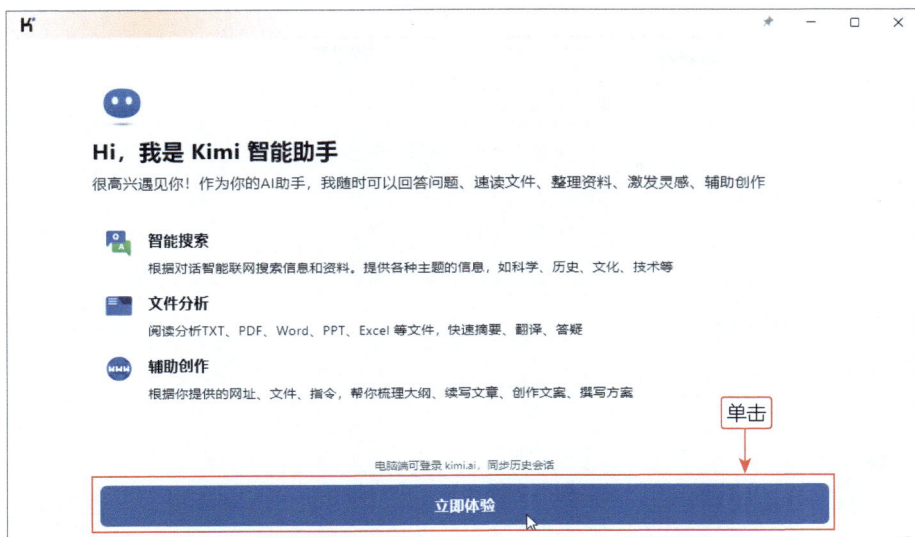

步骤06 为了方便同步 Kimi 网页版的会话记录，单击左上角的用户头像 ，如下图所示。

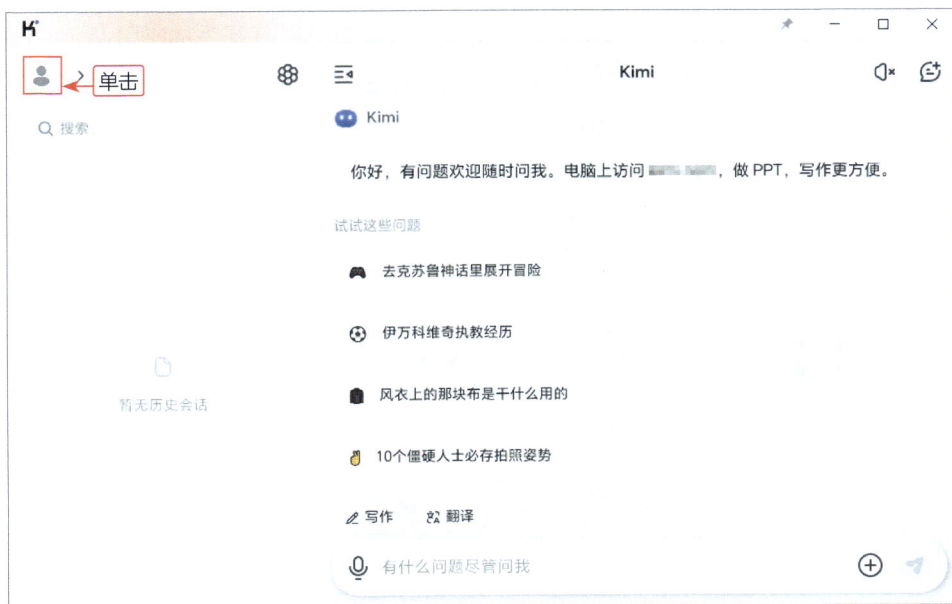

登录后即可同步该账号的会话记录，如下页图所示。

7.1.3 下载并安装手机版Kimi智能助手

在手机端下载并安装Kimi智能助手极为简单，用户只需打开手机应用商店，搜索"Kimi"，然后点击Kimi智能助手对应的【安装】按钮即可自动下载并安装，如下左图所示。安装完成后，用户可点击对应的【打开】按钮（见下右图）或点击手机桌面上的Kimi智能助手图标，启动Kimi智能助手。

7.2 Kimi插件的应用

插件为Kimi在浏览器中的应用赋予了更多可能，本节将讲述Kimi插件的应用。

7.2.1　实战：选取有疑问的文字获得解释

在阅读网页时如果遇到不熟悉的概念或词汇，借助Kimi插件只需选中文字即可获得解释，无须切换到其他网页查找信息。

步骤01 在网页中选中要解释的文本，单击显示的Kimi图标🄺，如下图所示。

随即弹出【解释】卡片，对所选文本进行解释，如下图所示。

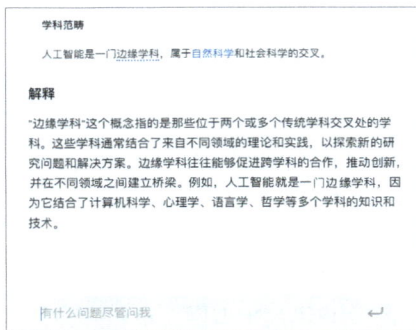

步骤02 如果对解释有疑问，可以在输入框中输入提示词，按【Enter】键或单击↵按钮，如下图所示。

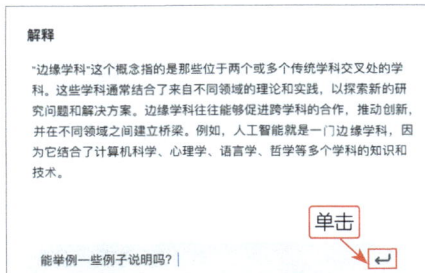

Kimi将回复新的内容，如下页图所示。

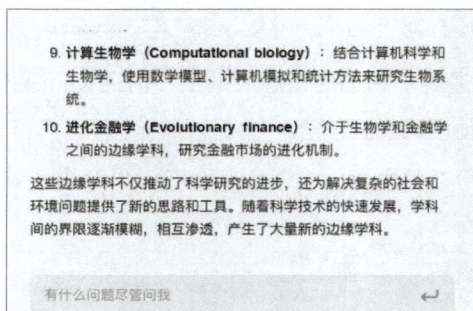

步骤03 按【Esc】键，可以隐藏【解释】卡片，选中的文本下方带有虚线，如下图所示。单击该虚线，可以再次打开【解释】卡片。

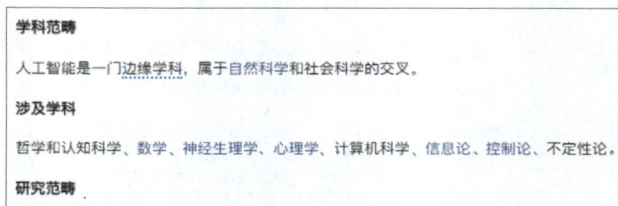

7.2.2 实战：快速从整个网页中提炼重点内容

Kimi 的总结全文功能能让用户迅速把握网页重点内容，特别适合用于总结包含长篇文章的网页。本节将介绍如何利用这一功能，提高信息获取速度。

打开要总结的网页，单击 Kimi 悬浮图标，打开【Kimi 浏览器助手】侧边栏，单击【总结全文】选项，如下图所示。

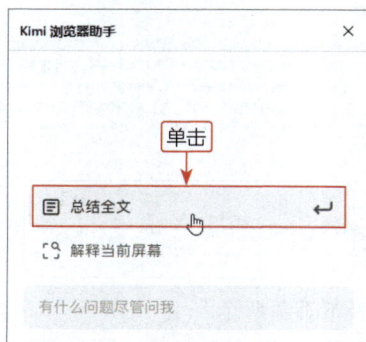

Kimi 会在【Kimi浏览器助手】侧边栏中总结此网页的内容，如右图所示。

7.2.3　实战：一键解释当前屏幕内容

Kimi 的解释当前屏幕功能可以帮助用户快速把握和理解屏幕上显示的内容。无论是网页还是文档，Kimi 都能为用户提供解释和总结，让用户的阅读和理解更高效。

步骤 01 打开网页或文档，将页面停留在要解释的区域，单击 Kimi 悬浮图标，在打开的【Kimi浏览器助手】侧边栏中单击【解释当前屏幕】选项，如右图所示。

步骤 02 在弹出的提示框中，单击【允许】按钮，如下图所示。

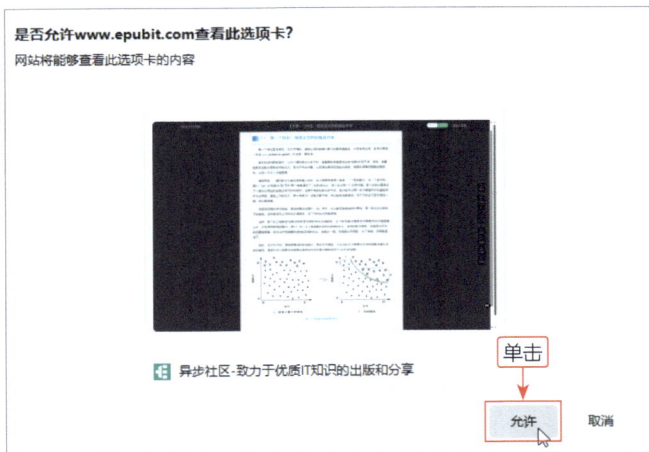

Kimi 会解释并总结当前识别的屏幕内容，如下页图所示。

另外，对希望获得解释和总结的区域，可以截取该区域的图片，将其粘贴至【Kimi 浏览器助手】侧边栏的输入框中，按【Enter】键或单击↵按钮，以获取需要的解释和总结。

7.3 Kimi 桌面版的应用

Kimi 桌面版为用户提供了一个强大且便捷的本地交互平台，让用户在计算机上也能高效地完成各种任务，提升工作与学习的效率。

步骤 01 打开 Kimi 桌面版，单击左上角的▶按钮，如下图所示。

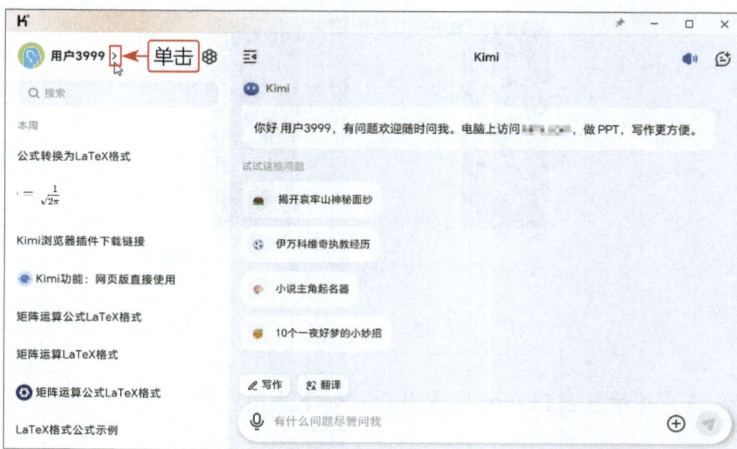

进入【设置】页面，用户可以进行主题设置、检查更新、退出账号等操作，如下图所示。

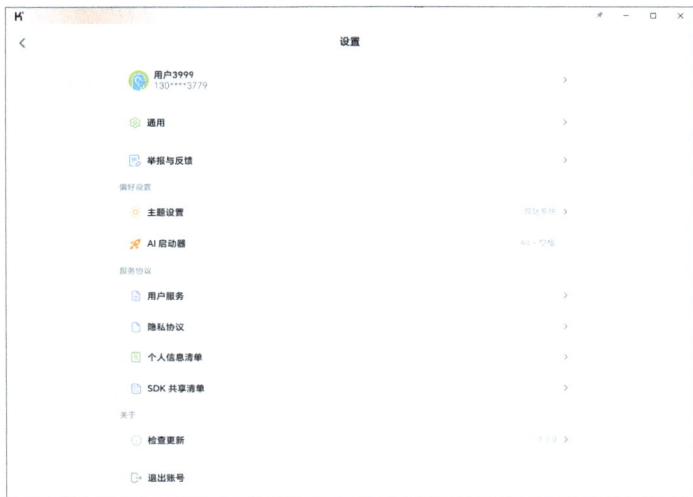

步骤 02 Kimi桌面版支持语音自动播放，该功能默认是关闭的。单击右上角的◁×按钮，如下图所示。

即可开启自动播放功能，当与Kimi进行互动时，Kimi的回复内容即会自动播放，如下页图所示。

Kimi桌面版的大部分功能及互动方式与Kimi网页版的一致，本节不赘述。

7.4 Kimi智能助手的应用

　　Kimi智能助手可以方便用户使用语音及拍照功能，随时随地帮用户处理文件、解答疑问，让信息获取和处理变得轻松又高效！

7.4.1 Kimi智能助手的个性化设置

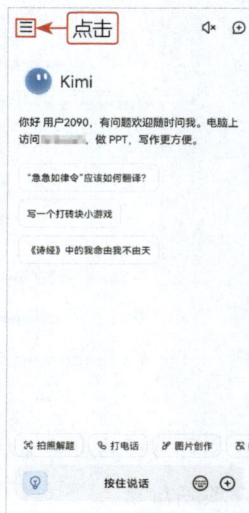

步骤 01 点击手机桌面上的Kimi智能助手图标，启动软件，根据提示登录，进入软件主界面。点击界面右上角的 🔊 按钮，可以开启音频自动播放。如果要进行更多设置，可点击 ☰ 按钮，如右图所示。

步骤 02 在展开的侧边栏中点击头像或 ❯ 按钮，如下页左图所示。

步骤 03 进入【设置】界面，可以设置账号头像信息，在【通用】区域，可以设置播报声音、主题设置、文字大小及语言切换等，用户可以根据需求进行设置，如下页右图所示。

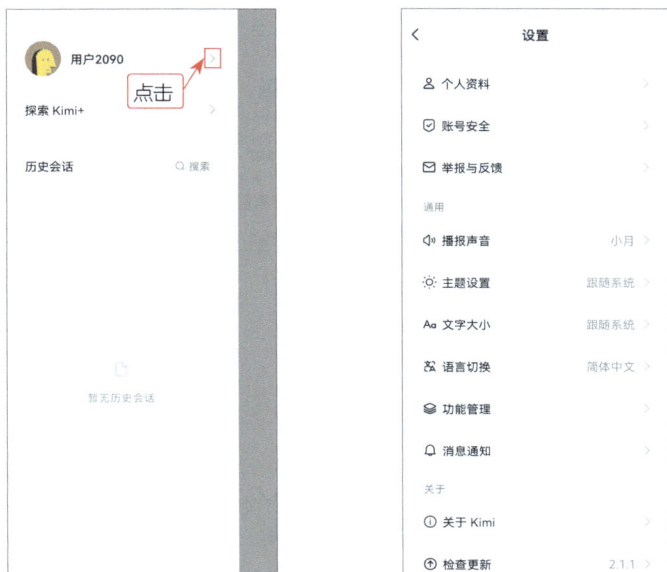

7.4.2 实战：克隆自己的声音

在Kimi智能助手中，用户可以根据提示录制自己的声音，为Kimi定制专属声音，用于语音通话及回答自动播放。

步骤 01 在Kimi智能助手的【设置】界面点击【播报声音】选项，进入【播报声音】界面，点击【让Kimi用你的声音说话】按钮，如下左图所示。

步骤 02 进入【克隆声音】界面，点击【开始克隆我的声音】按钮，如下右图所示。

步骤 03 按住【按住 录制】按钮，如下页左图所示。

步骤 04 用自然的语气读完界面中的文本，然后松手发送，如下页右图所示。

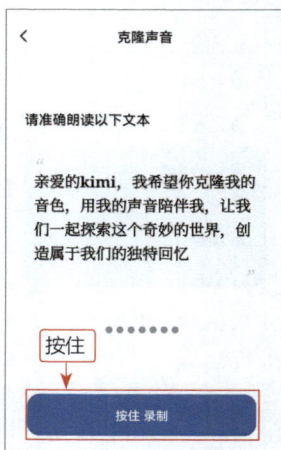

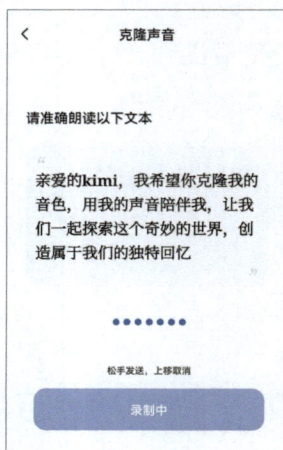

步骤05 提示【声音克隆成功】后，可以对声音进行命名，然后点击【完成】按钮，如下左图所示。

步骤06 返回【播报声音】界面，在【我的声音】列表中，选择克隆的声音即可应用，如下右图所示。

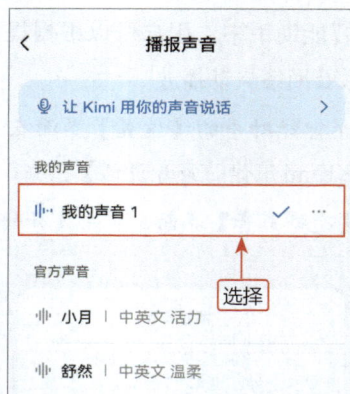

7.4.3 实战：语音输入

语音输入是用户与Kimi对话的便捷方式。本节将教你如何准确使用语音输入功能，让你与Kimi的沟通更加流畅、自然，无须动手打字即可轻松传达提示词。

步骤01 在主界面中点击◎按钮，如下页左图所示。

步骤 **02** 按住【按住说话】按钮，如下右图所示。

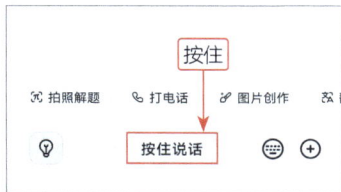

步骤 **03** 对准手机话筒，说出自己想要输入的内容，如下左图所示。

步骤 **04** 松手即可发送消息，如下右图所示。

7.4.4 实战：实时语音通话

实时语音通话能让用户与Kimi的对话更加即时、具有互动性，还支持英语陪练及模拟面试。本节将带你体验这一功能，让你感受与Kimi无缝交流的畅快淋漓。

步骤 **01** 在主界面中点击⊕按钮，在下拉列表中点击【打电话】按钮，如下图所示。

步骤 **02** 拨通后，即可进入与Kimi聊天的界面，如下页左图所示。

步骤 **03** 此时你可随时说话，Kimi会实时识别并在屏幕上显示你说话的内容，说话完毕后，Kimi会进行回复，如下页右图所示。

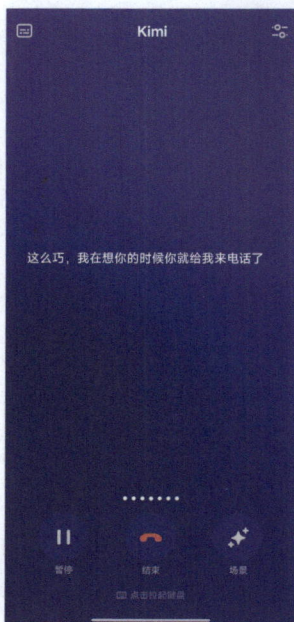

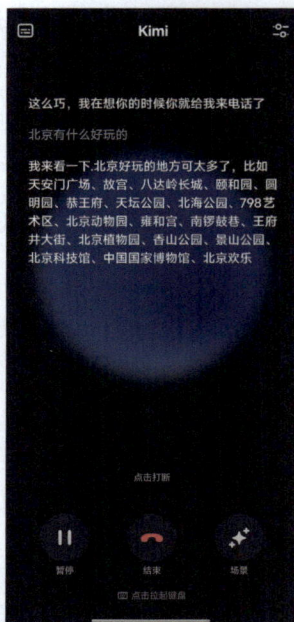

提示： 用户可点击左上角的◨按钮，开启和关闭字幕；还可点击右上角的按钮，设置Kimi的语速、声音、开场白等。

步骤**04** 点击右下角的【场景】按钮，在展开的界面中，用户可以根据需求进行选择（如点击【英语陪练】场景），如右侧左图所示。

步骤**05** 此时，即可与Kimi进行英语互动，如右侧右图所示。

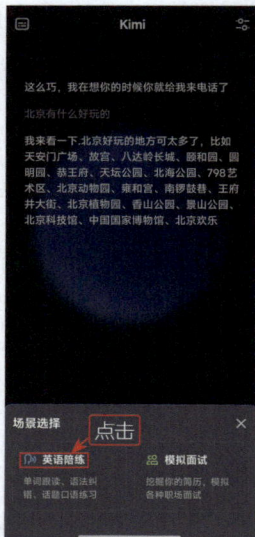

7.4.5　实战：拍题答疑

拍题功能让用户可以拍摄照片并进行提问，Kimi可以帮用户找到相关答案或信息。

步骤01 在主界面中点击⊕按钮，如下左图所示。

步骤02 在展开的功能菜单中点击【拍照】按钮，如下右图所示。

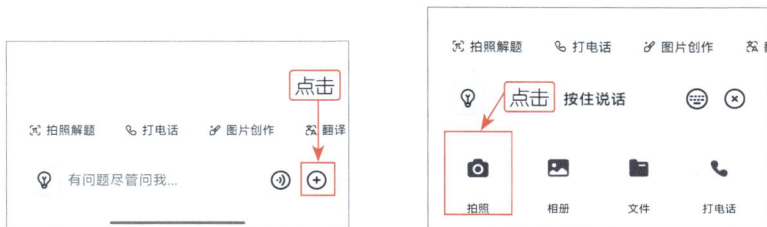

步骤03 进入【拍照】界面，点击【解题】按钮，然后将摄像头对准纸面，使题目置于框内，点击【拍摄】按钮⚪，如下左图所示。

步骤04 拍摄完成后，拖曳方框，选择框选的区域，然后点击✓按钮，如下右图所示。

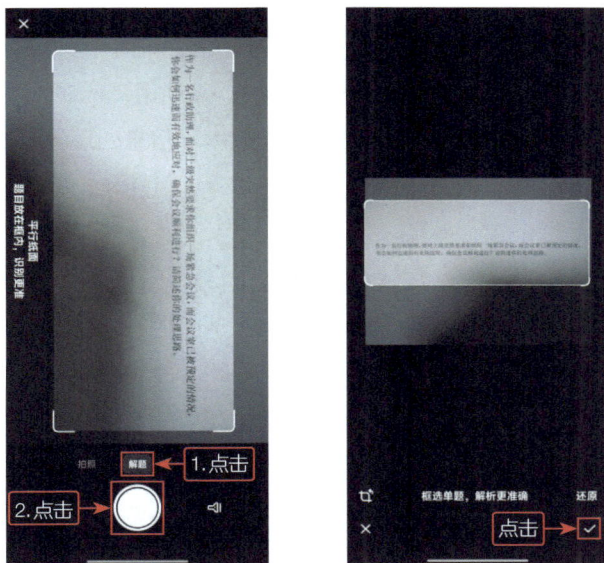

步骤05 照片将被添加至输入框中，然后输入提示词，如下页左图所示。

步骤06 Kimi会根据照片识别题目并进行解答，如下页右图所示。

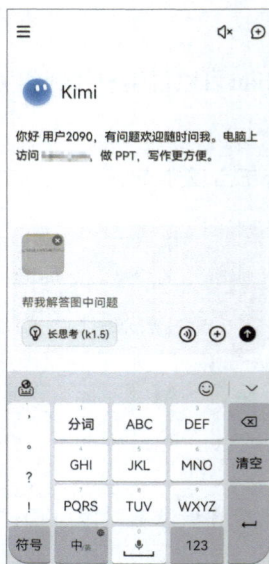

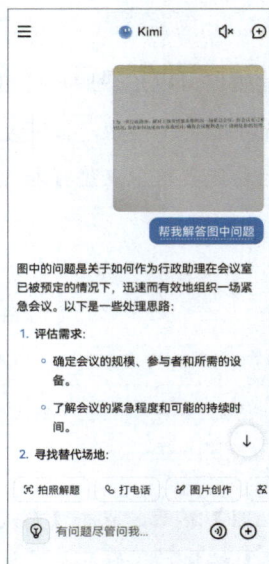

7.4.6　实战：辅助解读微信文件内容

　　Kimi智能助手中的微信文件功能让用户可以直接从微信中导入各类文件，包括文档、图片等，便于快速地从微信聊天中提取所需文件，并利用Kimi的智能分析能力，对这些文件进行深入阅读和内容总结，从而提高工作效率和信息处理的便捷性。

步骤01 在主界面中点击⊕按钮，展开下方的功能菜单，点击【文件】按钮后选择【微信文件】选项，如下左图所示。

步骤02 打开【导入微信文件】界面，点击【点击上传文件】按钮，如下右图所示。

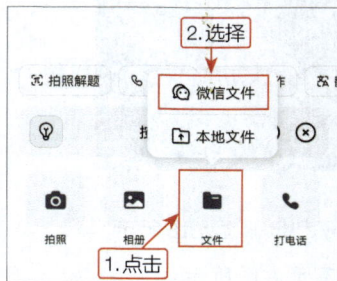

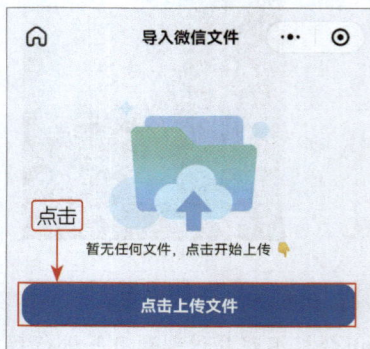

步骤 03 进入【选择一个聊天】界面，选择聊天，如下图所示。

步骤 04 选择聊天中的文档文件，然后点击【确定】按钮，如下左图所示。

步骤 05 进入【导入微信文件】界面，点击【确认导入】按钮，如下右图所示。

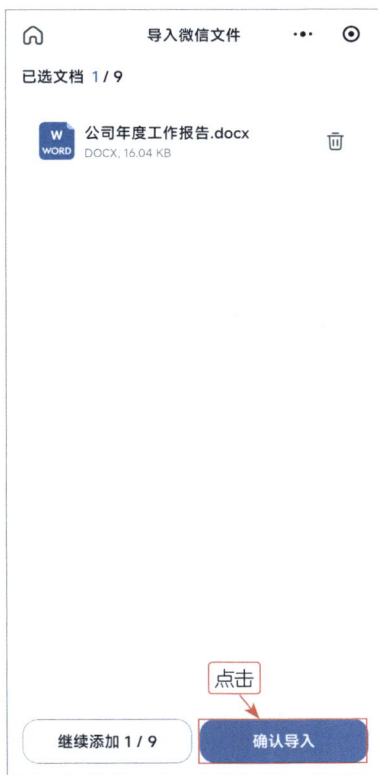

步骤 06 即可将文件添加到输入框中，输入提示词，然后点击【发送】按钮↑，如下左图所示。

Kimi 即可根据提示词进行回复，如下右图所示。

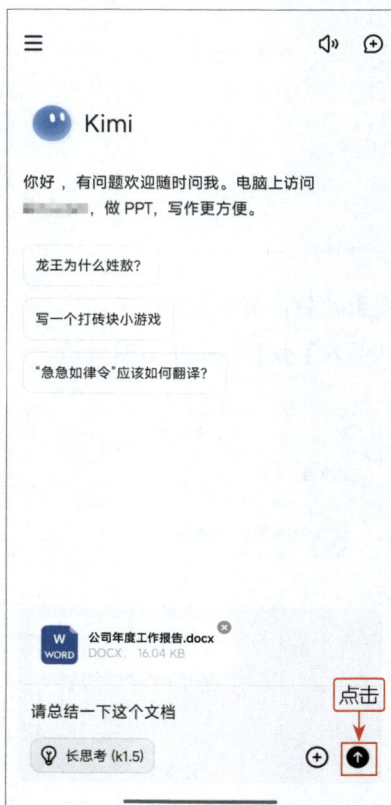

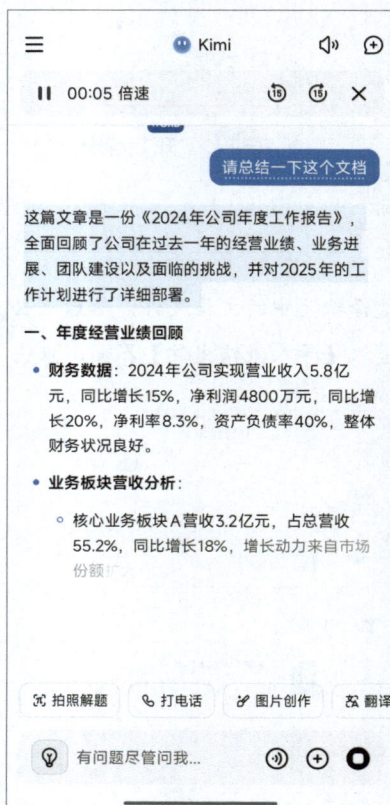